ZigBee 技术无线传感网应用

主　编　刘连钢

北京理工大学出版社

BEIJING INSTITUTE OF TECHNOLOGY PRESS

内容简介

本书主要讲解 ZigBee 技术，以任务驱动形式进行编写，多数章节都对应有相应的任务；涉及基础知识讲解、任务实现，充分体现了职业岗位任务和"以学生为主体"的职业教育理念。

本书主要包括绪论、开发环境的搭建、基于 BasicRF 的点对点按键点灯、基于 BasicRF 的点对点串口点灯、基于 BasicRF 的点对点串口聊天、基于 BasicRF 的无线传感网构建、认知 Z-Stack 协议栈、Z-Stack 协议栈运行机制详解、基于 Z-Stack 协议栈的点对点通信、基于 Z-Stack 协议栈的传感网络构建等内容。

本书可作为高职无线传感网应用开发课程的教材，也可供相关开发人员参考使用。

图书在版编目（CIP）数据

ZigBee技术无线传感网应用 / 刘连钢主编. --北京：
北京理工大学出版社，2021.7
ISBN 978-7-5763-0069-7

Ⅰ.①Z⋯　Ⅱ.①刘⋯　Ⅲ.①ZigBee协议—高等职业
教育—教材　Ⅳ.①TN926

中国版本图书馆CIP数据核字（2021）第145750号

出版发行 / 北京理工大学出版社有限责任公司
社　　址 / 北京市海淀区中关村南大街 5 号
邮　　编 / 100081
电　　话 / （010）68914775（总编室）
　　　　　（010）82562903（教材售后服务热线）
　　　　　（010）68944723（其他图书服务热线）
网　　址 / http：//www.bitpress.com.cn
经　　销 / 全国各地新华书店
印　　刷 / 涿州市新华印刷有限公司
开　　本 / 787 毫米 × 1092 毫米　1/16
印　　张 / 9.5　　　　　　　　　　　　　　责任编辑/陈莉华
字　　数 / 165 千字　　　　　　　　　　　文案编辑/陈莉华
版　　次 / 2021 年 7 月第 1 版　2021 年 7 月第 1 次印刷　　责任校对/刘亚男
定　　价 / 48.00 元　　　　　　　　　　　责任印制/施胜娟

前　言

科技发展的脚步越来越快，人类已经置身于信息时代。而作为信息获取最重要、最基本的技术——传感器技术，也得到了极大的发展。基于传感器数据传输的特点，无线传感网（Wireless Sensor Networks，WSN）也得到了飞速发展，WSN是一种分布式传感网络，它的末梢是可以感知和检查外部世界的传感器。WSN中的传感器通过无线方式通信，因此网络设置灵活，设备位置可以随时更改，还可以跟互联网进行有线或无线方式的连接。基于此，智能农业、智能家居等应用已步入生活生产中。

本教材通过ZigBee技术的讲解，完成无线传感网的组建。该教材充分结合企业的用人需求，经过充分的调研和论证，并充分参照多所高校一线专家的意见而编写，具有系统性、实用性等特点，旨在使读者在系统掌握ZigBee技术开发的同时，着重培养其综合应用能力和解决问题的能力。

该教材以任务驱动形式展开，多数章节都对应有相应的任务；涉及基础知识讲解、任务实现，充分体现了职业岗位任务和"以学生为主体"的职业教育理念。其主要内容包括绪论、开发环境的搭建、基于BasicRF的点对点按键点灯、基于BasicRF的点对点串口点灯、基于BasicRF的点对点串口聊天、基于BasicRF的无线传感网构建、认知Z-Stack协议栈、Z-Stack协议栈运行机制详解、基于Z-Stack协议栈的点对点通信、基于Z-Stack协议栈的传感网络构建等。

该教材在深入讲解ZigBee技术的基础上，不仅通过任务完成知识的强化和应用，同时在每一个章节融入课程思政的内容，包括爱国主义元素和职业素养元素，使用本教材的教师可在本书提供的思政教育内容的基础上进行拓展，强化"培养什么样的人"这一教学目标。

该教材适合于有单片机编程基础的读者。如果读者已经具有CC2530单片机开发经验，阅读本书将十分合适。本书可作为高职无线传感网应用开发课程的教材，也可供相关开发人员参考使用。

目　录

第1章

绪　论

1.1　无线传感网概述

　　无线传感网（Wireless Sensor Network，WSN）就是由部署在监测区域内大量的廉价微型传感器节点组成，通过无线通信方式形成的一个多跳的自组织的网络系统，其目的是协作地感知、采集和处理网络覆盖区域中被感知对象的信息，并发送给观察者。

　　无线传感网又称为无线传感器网络。

　　无线传感器网络结构如图1–1所示，传感器网络系统通常包括传感器节点（Sensor Node）、汇聚节点（Sink Node）和管理节点。大量传感器节点随机部署在监测区域（Sensor Field）内部或附近，能够通过自组织方式构成网络。

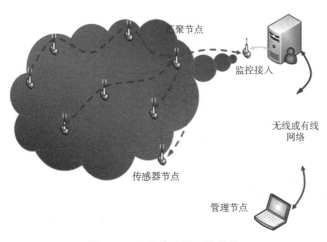

图 1–1　无线传感器网络结构

无线传感器网络通常具有如下主要特点：

（1）自组织。传感器网络系统的节点具有自动组网的功能，节点间能够相互通信协调工作。

（2）多跳路由。节点受通信距离、功率控制或节能的限制，当节点无法与网关直接通信时，需要由其他节点转发完成数据的传输，因此网络数据传输路由是多跳的。

（3）动态网络拓扑。在某些特殊的应用中，无线传感器网络是移动的，传感器节点可能会因能量消耗完或其他故障而终止工作，这些因素都会使网络拓扑发生变化。

（4）节点资源有限。节点微型化要求和有限的能量导致了节点硬件资源的有限性。

无线传感器网络所具有的众多类型的传感器，可探测包括地震，电磁，温度，湿度，噪声，光强度，压力，土壤成分，移动物体的大小、速度和方向等周边环境中多种多样的现象，潜在的应用领域可以归纳为军事、航空、防爆、救灾、环境、医疗、保健、家居、工业、商业等领域。

1.2　短距离无线通信技术简介

短距离无线通讯技术简介

目前使用较广泛的近距无线通信技术是蓝牙（Bluetooth）、无线局域网 802.11（Wi-Fi）和红外数据传输（IrDA）。同时更有一些具有发展潜力的近距无线技术标准，它们分别是：ZigBee、超宽带（Ultra Wide Band，UWB）、短距通信（NFC）、WiMedia、GPS、DECT、无线 1394 和专用无线系统等。它们都有其立足的特点，或基于传输速度、距离、耗电量的特别需求；或着眼于功能的扩充性；或符合某些单一应用的特别需求；或建立竞争技术的差异化等。不过没有一种技术能完美到足以满足所有的需求。

1. IrDA 技术

红外线数据协会（Infrared Data Association，IrDA）是致力于建立红外线无线连接的非营利组织，是一种利用红外线进行的点对点数据传输协议，通信距离一般在 0 到 1 m 之间，传输速度最快可达到 16 Mb/s，通信介质为波长 900 nm 左右的近红外线。其传输具有小角度、短距离、直线数据传输、保密性强及传输速率较高等特点，适于传输大容量的文件和多媒体数据；并且无须申请频率的使用权，成本低廉。IrDA 已被全球范围内的众多厂商采用，目前主流的软硬件平台均提供对它的支持。

IrDA 的不足在于它是一种视距传输，2 个相互通信的设备之间必须对准，中间不能被其他物体阻隔，而且只适合 2 台设备之间的连接。IrDA 目前的研究方向是如何解决视距传输问题及提高数据传输率。

2. 蓝牙技术

蓝牙系统一般由无线单元、链路控制单元、链路管理单元和蓝牙软件（协议栈）单元四个单元组成。

蓝牙技术的特点和优点在于：Bluetooth 工作在全球开放的 2.4 GHz ISM 频段；使用跳频频谱扩展技术，把频带分成若干个跳频信道，在一次连接中，无线电收发器按一定的码序列不断地从一个信道"跳"到另一个信道；在有效范围内可越过障碍物进行连接，没有特别的通信视角和方向要求；组网简单方便；低功耗、通信安全性好；数据传输带宽可达 1 Mb/s；一台蓝牙设备可同时与其他 7 台蓝牙设备建立连接；支持语音传输。

Bluetooth 产品涉及 PC、笔记本电脑、移动电话等信息设备和 A/V 设备、汽车电子、家用电器和工业设备领域。尤其是个人局域网应用，包括无绳电话、PDA 与计算机的互联。但 Bluetooth 同时存在植入成本高、通信对象少、通信速率较低等问题，它的发展与普及尚需经过市场的磨炼，其自身的技术也有待于不断完善和提高。

蓝牙的典型应用有：

（1）语音 / 数据接入，是指将一台计算机通过安全的无线链路连接到通信设备上，完成与广域网的连接。

（2）外围设备互连，是指将各种设备通过蓝牙链路连接到主机上。

（3）个人局域网（PAN），主要用于个人网络与信息的共享与交换。

3. Wi-Fi 技术

Wi-Fi（Wireless Fidelity，无线保真技术）属于无线局域网的一种，通常是指符合 IEEE 定义的一个无线网络通信的工业标准（IEEE 802.11）。它使用的是 2.4 GHz 附近的频段，物理层定义了两种无线调频方式和一种红外传输方式。Wi-Fi 基于 IEEE 802.11a、IEEE 802.11b、IEEE 802.11g 和 IEEE 802.11n。它的最大优点就是传输的有效距离很长，传输速率较高（可达 11 Mb/s），与各种 802.11 DSSS 设备兼容。

目前，最新的交换机能把 Wi-Fi 无线网络从接近 100 m 的通信距离扩大到约 6.5 km。另外，使用 Wi-Fi 的门槛较低。厂商只要在机场、车站、咖啡店、图书馆等人员较密集的地方设置"热点"，并通过高速线路即可接入因特网。其主要特性为：速度快，可靠性高，在开放性区域通信距离可达 305 m，在封闭区域通信距离为 76~122 m，方便与现有的有线以太网络整合，组网结构弹性化、灵活、价格较低。

在未来，Wi-Fi 最具应用潜力的是将主要应用在 SOHO、家庭无线网络以及不便安装电缆的建筑物等场所。目前，Wi-Fi 已成为最为流行的笔记本电脑技术而大受青睐。然而，IEEE 802.11 标准的发展呈多元化趋势，其标准仍存在一些亟须解决的问题，如厂商间的互操作性和备受关注的安全性问题。

4. RFID 技术

RFID 是一种非接触式的自动识别技术，通过射频信号自动识别目标对象并获取相关数据。RFID 由标签（Tag）、解读器（Reader）和天线（Antenna）三个基本要素组成。其基本工作原理是：标签进入磁场后，接收解读器发出的射频信号，凭借感应电流所获得的能量发送出存储在芯片中的产品信息（PassiveTag，无源标签或被动标签），或者主动发送某一频率的信号（ActiveTag，有源标签或主动标签），解读器读取信息并解码后，送至中央信息系统进行有关数据处理。RFID 将渗透到包括汽车、医药、食品、交通运输、能源、军工、动物管理以及人事管理等各个领域。然而，由于成本、标准等问题的局限，RFID 技术和应用环境还很不成熟，主要表现在：制造技术较为复杂，智能标签的生产成本相对过高；标准尚未统一，最大的市场尚无法启动；应用环境和解决方案还不够成熟，安全性将接受很大考验。

5. UWB 技术

UWB 技术起源于 20 世纪 50 年代末，此前主要作为军事技术在雷达等通信设备中使用。随着无线通信的飞速发展，人们对高速无线通信提出了更高的要求，UWB 技术又被重新提出，并备受关注。UWB 是利用纳秒至皮秒级的非正弦波窄脉冲传输数据，在较宽的频谱上传送较低功率信号。UWB 不使用载波，而是使用短的能量脉冲序列，并通过正交频分调制或直接排序将脉冲扩展到一个频率范围内。UWB 可提供高速率的无线通信，保密性很强，发射功率谱密度非常低，被检测到的概率也很低，在军事通信上有很大的应用前景。此外 UWB 通信采用调时序列，能够抗多径衰落，因此特别适合高速移动环境下使用。更重要的是，UWB 通信又被称作无载波的基带通信，几乎是全数字通信系统，所需要的射频和微波器件很少，因此可以减小系统的复杂性，降低成本。

与当前流行的短距离无线通信技术相比，UWB 具有抗干扰能力强、传输速率高、带宽极宽、发射功率小等优点，具有广阔的应用前景，在室内通信、高速无线 LAN、家庭网络等场合才能得到充分应用。

当然，UWB 技术也存在自身的弱点。主要是占用的带宽过大，可能会干扰其他无线通信系统，因此其频率许可问题一直在争论之中。另外，有学者认为，尽管 UWB 系统发射的平均功率很低，但由于其脉冲持续时间很短，瞬时功率峰值可能会很大，这甚至会影响到民航等许多系统的正常工作。但是学术界的种种争论并不影响 UWB 的开发和使用，2002 年 2 月美国通信协会（FCC）批准了 UWB 用于短距离无线通信的申请。

1.3　ZigBee 技术简介

ZIGBEE 技术简介

ZigBee 是基于 IEEE 802.15.4 标准的低功耗局域网协议。根据国际标准规定，ZigBee 技术是一种短距离、低功耗的无线通信技术，又称紫蜂协议，来源于蜜蜂的八字舞，由于蜜蜂（Bee）是靠飞翔和"嗡嗡"（Zig）地抖动翅膀的"舞蹈"来与同伴传递花粉所在方位信息的，也就是说蜜蜂依靠这样的方式构成了群体中的通信网络。其特点是近距离、低复杂度、自组织、低功耗、低数据速率。

ZigBee 是一种低速短距离传输的无线网络协议。ZigBee 协议从下到上分别为物理层（PHY）、媒体访问控制层（MAC）、传输层（TL）、网络层（NWK）、应用层（APL）等。其中物理层和媒体访问控制层遵循 IEEE 802.15.4 标准的规定。

ZigBee 协议比蓝牙、高速率个人区域网络或 802.11x 无线局域网更简单实用。ZigBee 可以说是蓝牙的同族兄弟，它使用 2.4 GHz 波段，采用跳频技术。与蓝牙相比，ZigBee 更简单、速率更慢、功率及费用也更低。ZigBee 系统采用的是直序扩频技术（DSSS），使得原来较高的功率、较窄的频率变成较宽的低功率频率，以有效控制噪声，是一种抗干扰能力极强，保密性、可靠性都很高的通信方式。蓝牙系统采用的是跳频扩频技术（FHSS），这些系统仅在部分时间才会发生使用频率冲突，其他时间则能在彼此相异无干扰的频道中运作。ZigBee 系统是非跳频系统，所以蓝牙在多次通信中才可能有一次会和 ZigBee 的通信频率产生重叠，且将会迅速跳至另一个频率。在大多数情况下，蓝牙不会对 ZigBee 产生严重威胁，而 ZigBee 对蓝牙系统的影响可以忽略不计。

ZigBee 主要适合用于自动控制和远程控制领域，可以嵌入各种设备。简而言之，ZigBee 就是一种便宜的，低功耗的近距离无线组网通信技术。

1.3.1　ZigBee 技术特点

（1）低功耗。在低耗电待机模式下，2 节 5 号干电池可支持 1 个节点工作 6~24 个月，甚至更长。这是 ZigBee 的突出优势。相比较，蓝牙能工作数周、Wi-Fi 可工作数小时。

（2）低成本。通过大幅简化协议（不到蓝牙的 1/10），降低了对通信控制器的要求，按预测分析，以 8051 的 8 位微控制器测算，全功能的主节点需要 32 KB 代码，子功能节点少至 4 KB 代码，而且 ZigBee 免协议专利费。每块芯片的价格大约为 2 美元。

（3）低速率。ZigBee 工作在 20~250 kb/s 的速率，分别提供 250 kb/s（2.4 GHz）、40 kb/s（915 MHz）和 20 kb/s（868 MHz）的原始数据吞吐率，满足低速率传输数据的应用需求。

（4）近距离。传输范围一般介于 10~100 m 之间，在增加发射功率后，亦可增加到 1~3 km。这指的是相邻节点间的距离。如果通过路由和节点间通信的接力，传输距离将可以更远。

（5）短时延。ZigBee 的响应速度较快，一般从睡眠转入工作状态只需 15 ms，节点连接进入网络只需 30 ms，进一步节省了电能。与 ZigBee 相比较，蓝牙需要 3~10 s、Wi-Fi 需要 3 s。

（6）高容量。ZigBee 可采用星状、片状和网状网络结构，由一个主节点管理若干子节点，最多一个主节点可管理 254 个子节点；同时主节点还可由上一层网络节点管理，最多可组成 65 000 个节点的大网。

（7）高安全性。ZigBee 提供了三级安全模式，包括无安全设定、使用访问控制清单（Access Control List，ACL）防止非法获取数据以及采用高级加密标准（AES 128）的对称密码，以灵活确定其安全属性。

（8）免执照频段。使用免执照的工业科学医疗（ISM）频段：868 MHz（欧洲），915 MHz（美国），2.4 GHz（全球）。

1.3.2　ZigBee 物理信道

ZigBee 在 868 MHz（欧洲）频段上有 1 个信道，信道编号为 0，信道带宽为 0.6 MHz；在 915 MHz（美国）频段上有 10 个信道，信道编号为 1~10，信道间隔为

2 MHz；在 2.4 GHz 的频段上具有 16 个信道，从 2.405 GHz 到 2.480 GHz 之间分布，信道编号为 11~26，信道间隔是 5 MHz，具有很强的信道抗串扰能力。如图 1-2 所示为 ZigBee 信道分布示意图。

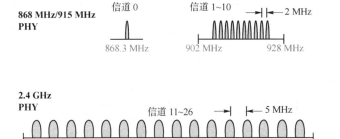

图 1-2　ZigBee 信道分布示意图

其中，理论上，在 868 MHz 的物理层，数据传输速率为 20 kb/s；在 915 MHz 的物理层，数据传输速率为 40 kb/s；在 2.4 GHz 的物理层，数据传输速率为 250 kb/s。实际上，除掉信道竞争应答和重传等消耗，真正能被应用所利用的速率可能不足 100 kb/s，并且余下的速率可能要被邻近多个节点和同一个节点的应用瓜分。

1.3.3　ZigBee 网络设备类型

1. 网络协调器

网络协调器工作涉及所有的网络消息，是 3 种设备类型中最复杂的一种，存储容量最大、计算能力强。网络协调器的主要工作是发送网络信标、建立一个网络、管理网络节点、存储网络节点信息、寻找一对节点间的路由消息、不断地接收信息。

2. 全功能设备（FFD）

全功能设备可以担任网络协调者，形成网络，让其他的 FFD 或 RFD 连接，FFD 具备控制器的功能，可提供信息双向传输；附带有标准指定的全部 802.15.4 功能和所有特征；更多的存储器、计算机能力可使其在空闲时起网络路由作用；也可能做终端设备。

3. 精简功能设备（RFD）

RFD 只能传送信息给 FFD 或从 FFD 接收信息；附带有限的功能来控制成本和复杂性；在网络中通常用作终端设备。RFD 由于省掉了内存和其他电路，降低了 ZigBee 部件成本，而简单的 8 位处理器和小协议栈也有助于降低成本。

1.3.4　ZigBee 网络拓扑结构

ZIGBEE 网络结构

ZigBee 技术具有强大的组网能力，可以形成星型网、树型网和 Mesh 网状网（见图 1-3），可以根据实际项目需要来选择合适的网络结构。

Mesh：网状网络拓扑结构的网络，具有强大的功能，网络可以通过"多跳"的方式来通信；该拓扑结构还可以组成极为复杂的网络；网络还具备自组织、自愈功能。

星型和簇树型网络适合一点对多点、距离相对较近的应用。

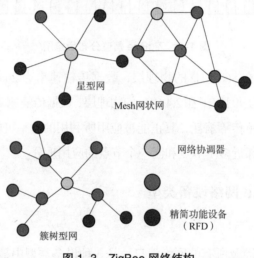

图 1-3　ZigBee 网络结构

1.4　开发芯片——CC2530 简介

开发芯片——CC2530 简介

CC2530 是 TI 公司开发的一款专门用于无线传感器网络中进行数据传输的集成芯片，可以用于 2.4 GHz IEEE 802.15.4、ZigBee 和 RF4CE 应用的一个真正的 SoC 解决方案。它能够以非常低的功耗和较低的成本来建立强大的无线传感器网络，可以帮助我们进行一些实际的工程开发，目前在军民领域都有着广泛的应用。

CC2530 内部使用业界标准的增强型 8051CPU，结合了领先的 RF 收发器，具有 8 KB 容量的 RAM，具备 32/64/128/256 KB 四种不同容量的系统内可编程闪存和其他许多强大的功能。CC2530 根据内部闪存容量的不同分为 4 种不同型号：

CC2530F32/64/128/256，F 后面的数值即表示该型号芯片具有的闪存容量级别。

CC2530 单片机采用 QFN40 封装，外观上是一个边长为 6 mm 的正方形芯片，每个边上有 10 个引脚，总共 40 个引脚。CC2530 的引脚布局如图 1-4 所示。

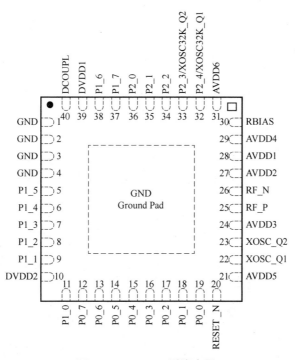

图 1-4　CC2530 引脚布局

按表 1-1 将 CC2530 的 40 个引脚按功能进行分类，其中共有 21 个数字 I/O 引脚，这些引脚可以组成 3 个 8 位端口，分别为端口 0、端口 1 和端口 2，通常表示为 P0、P1 和 P2。其中，P0 和 P1 是 8 位端口，而 P2 仅有 5 位可以使用。

表 1-1　引脚类型划分

引脚类型	包含引脚	功能简介
电源类引脚	AVDD1~AVDD6、DVDD1~DVDD2、GND、DCOUPL	为芯片内部供电
数字 I/O 引脚	P0_0~P0_7、P1_0~P1_7、P2_0~P2_4	数字信号输入/输出
时钟引脚	XOSC_Q1、XOSC_Q2	时钟信号输入
复位引脚	RESET_N	让芯片复位
RF 引脚	RF_N、RF_P	外接无线收发天线
其他引脚	RBIAS	外接偏置电阻

CC2530 内部结构框图如图 1-5 所示，从信号处理方面来划分，图中浅色部分表示该部分用来处理数字信号，深色表示该部分处理模拟信号，数字信号和模拟信号都进行处理的使用过渡色表示。

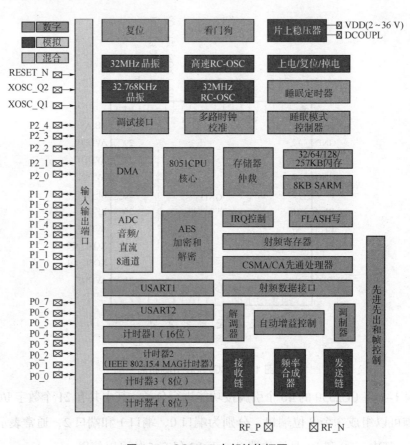

图 1-5　CC2530 内部结构框图

1.5　课程思政

思政元素：我国科技飞速发展，在某些领域取得领先。通过思政元素强化爱国主义教育。

在物联网技术领域，我国相对于西方发达国家发展得相对较晚，但伴随着我国经济的发展，一批高科技企业在技术上已取得突破性的成果。在我国，对于物联网标准的发展，华为的推进最早。2014 年 5 月，华为提出了窄带技术 NB M2M；2015 年 5

月融合 NB OFDMA 形成了 NB-CIoT；2015 年 7 月份，NB-LTE 与 NB-CIoT 进一步融合形成 NB-IoT；NB-IoT 聚焦于低功耗广覆盖（LPWA）物联网（IoT）市场，是一种可在全球范围内广泛应用的新兴技术。其具有覆盖广、连接多、速率低、成本低、功耗低、架构优等特点。NB-IoT 使用 License 频段（免执照申请的频段），可采取带内、保护带或独立载波三种部署方式，与现有网络共存。

1.6　小结

本部分主要介绍了无线传感网的基本概念，介绍了几种短距离无线通信技术，重点讲解了 ZigBee 技术以及实现该技术的硬件芯片。梳理上述几项知识，可知无线传感网需要实现大量数据的采集，并且传输速率要求不高，通过几种短距离无线通信技术的对比，ZigBee 技术是实现短距离无线传感网的最佳选择，而 CC2530 芯片又是实现 ZigBee 技术的片上解决方案。

第2章

开发环境的搭建

开发环境的
搭建

2.1 任务描述

工欲善其事,必先利其器。本章的主要任务是完成 ZigBee 开发的环境搭建,即进行 IAR Embedded Workbench 的安装,以及工程模板的创建,搭建好 ZigBee 开发的环境。

2.2 知识讲解

针对 CC2530 芯片进行 ZigBee 技术的应用系统开发一般需要以下几个调试工具来完成:

(1)软件集成开发环境(IAR Embedded Workbench):完成系统的软件开发,进行软件和硬件仿真调试,它也是硬件调试的辅助手段。

(2)ZigBee Debugger 仿真下载器:下载和调试程序。

IAR Embedded Workbench 是瑞典 IAR Systems 公司为微处理器开发的一个集成开发环境,支持 ARM、AVR、MSP430 等芯片内核平台。

嵌入式 IAR Embedded Workbench IDE 提供一个框架,任何可用的工具都可以完整地嵌入其中,这些工具包括:

(1)高度优化的 IAR AVR C/C++ 编译器;

(2)AVR IAR 汇编器;

(3)通用 IAR XLINK Linker;

（4）IAR XAR 库创建器和 IAR XLIB Librarian；

（5）一个强大的编辑器；

（6）一个工程管理器；

（7）TM IAR C–SPY 调试器；

（8）一个具有世界先进水平的高级语言调试器。

嵌入式 IAR Embedded Workbench 适用于大量 8 位、16 位以及 32 位的微处理器和微控制器，使用户在开发新的项目时也能在所熟悉的开发环境中进行。它为用户提供一个易学和具有最大量代码继承能力的开发环境，以及对大多数和特殊目标的支持。嵌入式 IAR Embedded Workbench 可有效提高用户的工作效率，通过 IAR 工具，用户可以大大节省工作时间。我们称这个理念为：不同架构，同一解决方案。

IAR Embedded Workbench 主要完成系统的软件开发和调试。它提供了一整套的程序编制、维护、编译、调试环境，能将汇编语言和 C 语言程序编译成 HEX 可执行输出文件，并能将程序下载到目标 CC2530 上运行调试。

2.2.1　IAR Embedded Workbench 的安装

（1）IAR Embedded Workbench 的下载地址：http://supp.iar.com/updates/。

（2）安装 IAR 软件，双击 EW8051–EV–8103–Web.exe，如图 2–1 所示。在弹出的对话框中单击 "Next" 按钮，如图 2–2 所示。推荐默认安装路径，按引导指示，直至安装完成即可。

IAR 的安装以及仿真驱动的安装

图 2–1　打开 IAR 安装文件

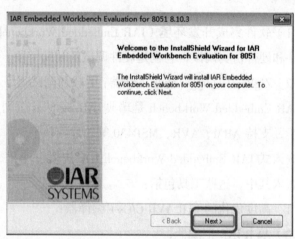

图 2–2　安装界面

2.2.2　新建工程与工程配置

本节重点讲解 IAR 集成开发环境的使用与设置：

IAR 的工程
创建

◆　建立并保存一个工程；
◆　如何向工程中添加源文件；
◆　如何编译源文件。

1. 建立一个新的工程

（1）打开 IAR 集成开发环境，单击菜单栏的"Project"，在弹出的下拉菜单中选择"Create New Project"命令，如图 2-3 所示。

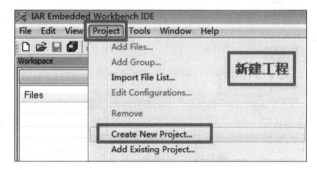

图 2-3　IAR 集成开发环境界面

（2）在弹出的对话框中单击"Empty project"选项，再单击"OK"按钮，如图 2-4 所示。

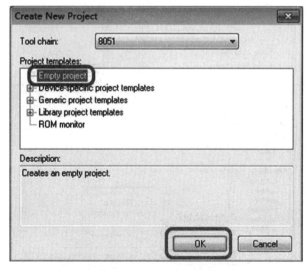

图 2-4　"Create New Project"对话框

（3）选择保存工程的位置和工程名，然后单击"保存"按钮，如图 2-5 所示。

（4）选择菜单栏的"File"，在弹出的下拉菜单中选择"Save Workspace"命令，在弹出的"Save Workspace As"对话框中选择保存的位置，输入文件名，然后单击"保存"按钮，如图 2-6 所示。

图 2-5 "另存为"对话框

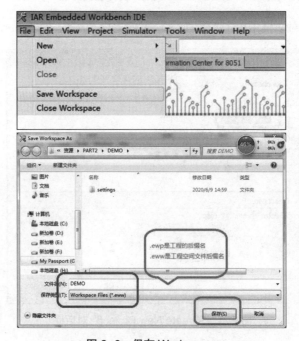

图 2-6 保存 Workspace

2.建立一个源文件

新建源文件，单击"File"→"New"→"File"命令，再单击"File"→"Save"命令，填写好源文件的名称，然后单击"保存"按钮即可，如图2-7所示。

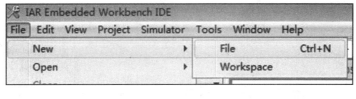

图2-7　建立一个源文件

3.添加源文件到工程

源文件建立好了以后还需要把源文件添加到工程中，即单击"Project"→"Add File"命令，添加刚才保存的文件。比如，刚才保存为"main.c"，那么在弹出的对话框中选择"main.c"即可，然后单击"open"命令，这时，发现左边框里面出现了我们添加的文件，说明添加成功。如果想删除文件怎么办？在"Workspace"中选择"main.c"，然后右键单击"Remove"命令，删除源文件；源文件这时候只是在工程中被移除了，并没有被真正删除掉，如果不需要，必须在保存的文件夹里面手动删除。添加文件也有快捷方式，即在工程名上单击右键，选择"Add"→"Add Files"命令即可，如图2-8所示。

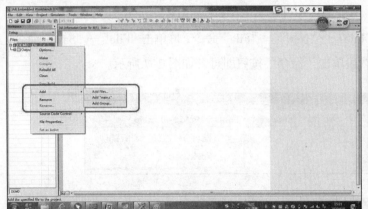

图 2-8　添加源文件到工程

4.编写代码

参照以下代码输入"main.c"文件,本任务中没有逻辑代码只有主函数,所以不对代码进行剖析。

```
#include "ioCC2530.h"    // 引用 CC2530 头文件
void main（void）
{


}
```

5.工程的设置

IAR 集成了许多种处理器,在建立工程后必须对工程进行设置才能够开发出相应的程序。设置步骤如下:

（1）单击菜单栏的"Project",在弹出的下拉菜单中选择"Options"命令,弹出"Option for node "DEMO""对话框。其快捷方式为:在工程名上单击右键,在弹出的快捷菜单中选择"Options"命令。如图 2-9 所示。

IAR 工程配置 _ 微课　IAR 工程配置 _ 录屏

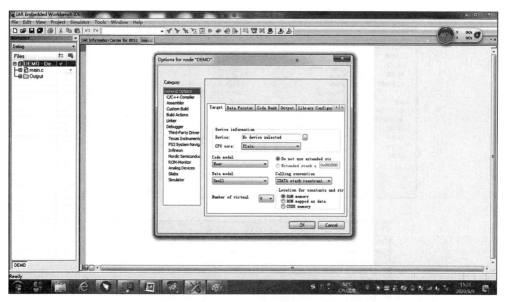

图 2-9 弹出工程设置对话框

（2）设置相关参数。单击"General Options"→"Target"标签，在"Device"栏右边单击□按钮，选择"Texas Instruments"文件夹下的"CC2530F256.i51"，如图 2-10 所示。

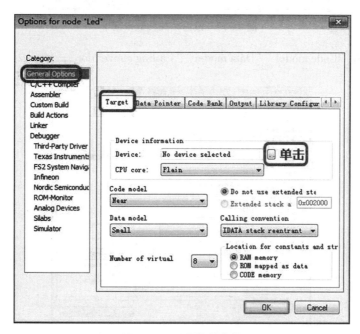

图 2-10 设置相关参数

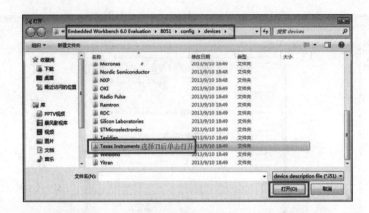

图 2-10　设置相关参数（续）

（3）设置"Code model""Data model""Calling convention"，如图 2-11 所示。

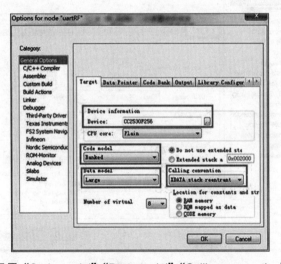

图 2-11　设置"Code model""Data model""Calling convention"相关参数

（4）单击"Linker"→"Config"标签，勾选"Override default"项，单击▢按钮，如图 2-12 所示，选择"lnk51ew_cc2530F256.xcl"。

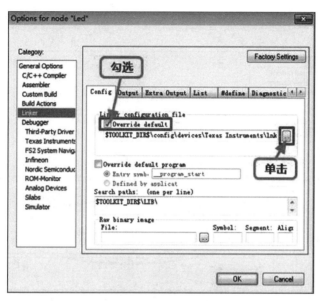

图 2-12　设置"Linker"参数

（5）然后单击"Debugger"选项，在"Driver"栏选择"Texas Instruments"（使用编程器仿真），如图 2-13 所示。

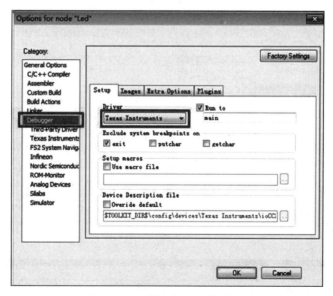

图 2-13　选择"Driver"参数

（6）选择"io8051.ddf"文件，如图 2-14 所示。至此，基本配置已经完成。其他配置以后需要用到时我们会提及。

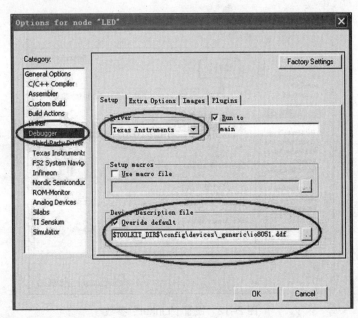

图 2-14　选择"io8051.ddf"文件

6. 编译工程

单击"Make"图标，如果所有文件都没有错，编译结果显示如图 2-15 所示。

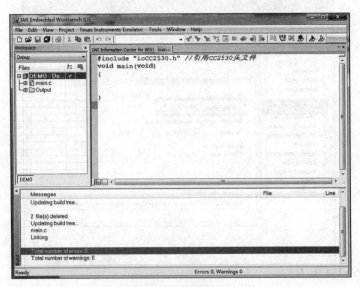

图 2-15　编译文件

2.2.3　安装 SmartRF 仿真器驱动

将 USB 一端插在 PC 机上，另一端连接仿真器。

（1）打开设备管理器，如图 2-16 所示。

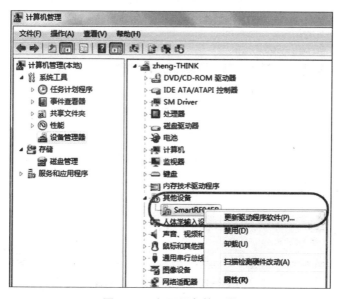

图 2-16　打开设备管理器

（2）按图 2-17 所示操作，可浏览计算机上的驱动程序文件。

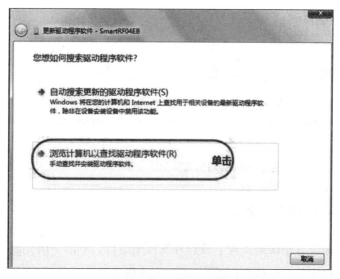

图 2-17　浏览驱动程序软件

（3）选择需安装的驱动程序软件，然后单击"下一步"按钮即可成功安装好驱动，如图 2-18 所示。

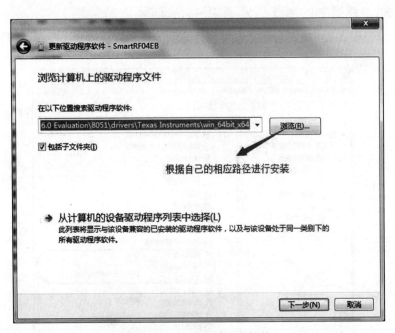

图 2-18　安装驱动程序软件

（4）在设备管理器中，如果能正确识别仿真器，将会出现 SmartRF04EB 的设备，如图 2-19 所示。

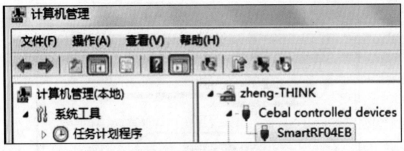

图 2-19　查看仿真器驱动设备

2.2.4　程序仿真与调试

将上面编译没有错误的工程下载到开发板中运行，单击"Debug"按钮，开始下载程序并在线仿真调试，如图 2-20 所示。

IAR 中程序
仿真与调试

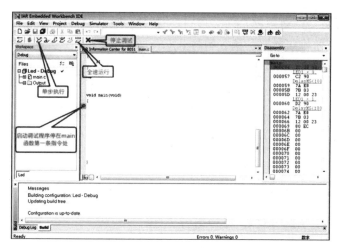

图 2-20　程序调试

常用快捷键：

◆ 单步执行：按 F10 键可单步执行一条 C 语句或汇编指令；

◆ 进入函数：按 F11 键可跟踪执行一条 C 语句或汇编指令；

◆ 全速运行：按 F5 键可运行程序。

更详细的使用方法请参考相关书籍，如《IAR Embedded Workbench 用户指南》等。

2.3　课程思政

思政元素：代码编写排版约束。通过思政元素强化职业素养教育。

学生在掌握知识的同时，职业素养教育也是十分必要的，在进行项目开发时，所编写的代码一定要做到可读性强、可维护性强、高内聚、低耦合、增强移植性。代码编写格式的规范，体现着从业者的团队意识和职业素养。

那么如何提升代码编写的规范性呢？下面介绍几个排版约束。

（1）程序块要采用缩进风格编写，缩进的空格数为 4 个。函数或过程的开始、结构的定义及循环、判断等语句中的代码都要采用缩进风格，case 语句下的情况处理语句也要遵循语句缩进要求。说明：由于每个 IDE 的文本编辑器自动缩进的空格数可能不一样，因此建议缩进时，手动敲击 4 个空格按键。

（2）相对独立的程序块之间、变量说明之后，必须加空行。

（3）较长的语句（如循环、判断等语句或者函数等）（>80 字符）要分成多行书写，长表达式要在低优先级操作符处划分新行，操作符放在新行之首，划分出的新行要进行适当的缩进，使排版整齐，语句可读。

（4）不允许把多个语句写在一行中，即一行只写一条语句。

2.4　小结

本部分主要介绍了开发环境 IAR 的安装、工程的创建和配置，以及仿真调试的使用，旨在让学生掌握针对 CC2530 芯片程序开发过程。

第 3 章

基于 BasicRF 的点对点按键点灯

3.1 任务描述

基于 BasicRF 的
点对点按键点灯

以 BasicRF 无线点对点传输协议为基础，采用两块 ZigBee 模块作为无线发射模块和无线接收模块，实现节点 A 按下按键时控制节点 B 上 LED 灯的亮灭，实现无线开关 LED 灯的功能。

3.2 知识讲解

BASIC 简介

3.2.1 BasicRF 简介

BasicRF 由 TI 公司提供，它提供了 IEEE 802.15.4 标准的数据包的收发功能。这个协议只是用来演示无线设备是如何进行数据传输的，不包含完整功能的协议。

1. BasicRF 的功能

BasicRF 采用了与 802.15.4 MAC 兼容的数据包结构及 ACK 包结构，其功能限制如下：

（1）不提供多跳、设备扫描及 Beacon 功能。

（2）不提供不同种的网络设备，如协调器、路由器等。所有节点同级，只实现点对点传输。

（3）传输时会等待信道空闲，但不按 802.15.4 CSMA-CA 要求进行两次 CCA 检测。

（4）不重传数据。

简言之，BasicRF 是简单无线点对点传输协议，可用来进行 Z-Stack 协议栈无线设备数据传输的入门学习。力求由浅入深，使大家逐步掌握无线点对点通信的整体过程，并能在 BasicRF 软件代码的基础上，进行点对点的相对简单的无线传感网应用开发。

2. BasicRF 软件结构

BasicRF软件结构包括硬件层（Hardware Layer）、硬件抽象层（Hardware Abstraction Layer）、基本无线传输层（BasicRF Layer）和应用层（Application Layer），如图 3-1 所示。

（1）硬件层是实现数据传输的基础，肯定要放在最底层。

（2）硬件抽象层包含访问无线接收功能，以及开发板上的 TIMER、GPIO、UART、ADC、LCD、buttons 等外设功能。

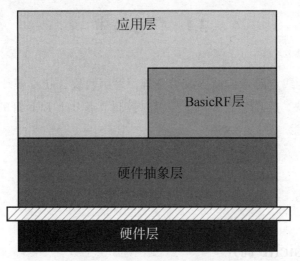

图 3-1　BasicRF 软件结构

（3）BasicRF 层：基本无线传输层提供一种简单双向无线通信协议。BasicRF 虽然包含了 IEEE 802.15.4 标准的数据包的收发功能，但并没有使用到协议栈，它仅仅是让两个节点进行简单的通信，也就是说 BasicRF 仅仅是包含着 IEEE 802.15.4 标准的一小部分而已。其主要特点有：

①不会自动加入协议，也不会自动扫描其他节点，也没有组网指示灯。

②没有协议栈里面所说的协调器、路由器或者终端的区分，节点的地位都是相等的。

③没有自动重发的功能。

（4）应用层是用户编写代码的地方，可调用封装好的 BasicRF 和 HAL 的函数，实现不同的应用。它相当于用户使用 BasicRF 层和 HAL 的接口，也就是说我们在应用层就可以使用到封装好的 BasicRF 和 HAL 的函数。

3. CC2530 BasicRF 工程文件介绍

（1）docs 文件夹：文件夹里只有一个名为 CC2530_Software_Examples 的 PDF 文档，文档的主要内容是介绍 BasicRF 的特点、结构及使用。

（2）ide 文件夹：打开文件夹后会有三个文件夹，以及一个 cc2530_sw_examples.eww 工程，其中这个工程是无线点灯、传输质量检测、谱分析应用三个实验例程工程的集合。

① Ide\Settings 文件夹：是在每个基础实验的文件夹里都会有的，它主要保存有读者自己的 IAR 环境里面的设置。

② Ide\srf05_CC2530 文件夹：里面放有三个工程，即 light_switch.eww、per_test.eww、spectrum_analyzer.eww，如果读者不习惯几个工程集合在一起看，也可以在这里直接打开你想要用的实验工程。

（3）source 文件夹：包含 apps 文件夹和 components 文件夹。

① source\apps 文件夹：存放 BasicRF 三个实验的应用实现的源代码；

② source\components 文件夹：包含 BasicRF 的应用程序使用不同组件的源代码。CC2530 BasicRF 文件结构如图 3-2 所示。

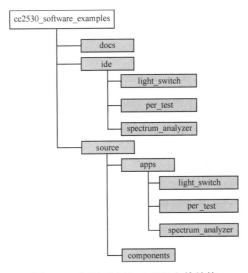

图 3-2　CC2530 BasicRF 文件结构

3.2.2　BasicRF 操作

BasicRF 操作包括启动、发送、接收三个环节。

1. 启动

启动过程包括：初始化开发板的硬件外设和配置 I/O 端口，设置无线通信的网络

点对点 PANID 和
信道的配置

ID、信道、接收和发送模块地址、安全加密等参数。

（1）创建 basicRfCfg_t 类型变量 basicRfConfig，并初始化其中的成员。

```
static basicRfCfg_t basicRfConfig;        // 创建 basicRfCfg_t 类型变量
basicRfConfig.panId = PAN_ID;            // 宏定义
basicRfConfig.channel = RF_CHANNEL;      // 宏定义
basicRfConfig.ackRequest = TRUE;         // 宏定义
```

在 basic_rf.h 文件上可以找到 basicRfCfg_t 数据结构的定义。

```
typedef struct {
uint16 myAddr;              // 16 位的短地址（就是节点的地址）
uint16 panId;               // 节点的 PAN ID
uint8 channel;              // RF 信道（必须在 11~26 之间）
uint8 ackRequest;           // 目标确认就置 True
#ifdef SECURITY_CCM         // 是否加密，预定义里取消了加密
uint8* securityKey;
uint8* securityNonce;
#endif
} basicRfCfg_t;
```

注意：首先要确定两个通信模块的网络 ID 和通信信道一致，其次设置各模块的识别地址，即模块的地址或编号。

（2）相关参数宏定义。

```
#define RF_CHANNEL   25          // 2.4 GHz RF 信道
#define PAN_ID    0x2007
#define SWITCH_ADDR    0x2520
#define LIGHT_ADDR    0xBEEF
```

（3）调用 halBoardInit() 函数，对硬件外设和 I/O 端口进行初始化，void halBoardInit（void）函数在 hal_board.c 文件中。

（4）调用 halRfInit() 函数，打开射频模块，设置默认配置选项，允许自动确认和允许随机数产生。

2. 发送

创建一个 buffer，把数据放入其中，调用 basicRfSendPacket( ) 函数发送数据。在该工程中，light_switch.c 文件中的 appSwitch( ) 函数是用来发送数据的，appSwitch( ) 函数代码如下，请注意删除了液晶显示代码。

```
static void appSwitch( )
    {
        pTxData[0] = LIGHT_TOGGLE_CMD;
            // 发送的数据放到 buffer 中（即数组 pTxData）
        basicRfConfig.myAddr = SWITCH_ADDR;    // 本机地址
        if（basicRfInit（&basicRfConfig）==FAILED）
            {                                   // 初始化
                HAL_ASSERT（FALSE）;
            }
            basicRfReceiveOff( );               // 关闭接收模式，节能
    while（TRUE）{
        if（halButtonPushed( )==LIGHT_TOGGLE_CMD）
            {                                   // 调用按键函数
    basicRfSendPacket（LIGHT_ADDR，pTxData，APP_PAYLOAD_LENGTH）;
        halMcuWaitMs（350）;
            }
        }
    }
```

（1）上述代码的第 3 行，把要发送的数据 LIGHT_TOGGLE_CMD（宏定义该值为 0）放到 buffer 中，数组 pTxData 就是发送的 buffer，即把要发送的数据存放到该数组中。

（2）第 5 行，为 basicRfCfg_t 型结构体变量 basicRfConfig.myAddr 赋值，宏定义 SWITCH_ADDR 为 0x2520，即发射模块的本机地址。

（3）第 6 行，调用 basicRfInit（&basicRfConfig）初始化函数，负责调用 halRfInit( ) 配置参数，设置中断等。在 basic_rf.c 代码中可以找到 uint8 basicRfInit（basicRfCfg_t* pRfConfig）。

（4）第 12 行，调用 halButtonPushed( )，查看按键状态，如该函数值为 0，说明按

键按下，按键连接的外围电路应为上拉模式。

（5）第 14 行，调用发送函数 basicRfSendPacket（LIGHT_ADDR，pTxData，APP_PAYLOAD_ LENGTH），该函数的形参数格式是：basicRfSendPacket（uint16 destAddr，uint8* pPayload，uint8 length）。

① destAddr 是发送的目标地址，实参是 LIGHT_ADDR，即接收模块的地址。

② pPayload 是指向发送缓冲区的地址，实参是 pTxData，该地址的内容是将要发送的数据。

③ length 是发送数据长度，实参是 APP_PAYLOAD_LENGTH，单位是字节数。

3. 接收

通过调用 basicRfPacketIsReady( ) 函数来检查是否收到一个新的数据包，若有新数据，则调用 basicRfReceive( ) 函数，把数据接收到。在该工程中，light_switch.c 文件中的 appLight( ) 函数是用来接收数据的，appLight( ) 函数代码如下，请注意删除了液晶显示代码。

```
static void appLight( )
{
        basicRfConfig.myAddr = LIGHT_ADDR;
                //设定本模块地址
        if（basicRfInit（&basicRfConfig）==FAILED）
    {           //初始化，方法与发送一样
        HAL_ASSERT（FALSE）;
    }
    basicRfReceiveOn( );          //开启接收功能
     while（TRUE）{
        while（!basicRfPacketIsReady( )）;
        //检查是否有新数据，没有则一直等待
    if（basicRfReceive（pRxData，APP_PAYLOAD_LENGTH，NULL）>0）
    {
        if（pRxData[0] == LIGHT_TOGGLE_CMD）{
                //判断接收的内容是否正确
            halLedToggle（1）;          //改变 LED1 的亮灭状态
        }
      }
    }
}
```

（1）上述代码的第 11 行，调用 basicRfPacketIsReady( ) 函数来检查是否收到一个新数据包，若有新数据，则返回 True。新数据包信息存放在 basicRfRxInfo_t 型结构体变量 rxi 中。

```
typedef struct { uint8seqNumber;
        uint16 srcAddr;           // 数据来源的地址，即发送模块的地址
        uint16 srcPanId;          // 网络 ID
        int8 length;              // 新数据长度
        uint8* pPayload;          // 新数据包存放地址
        uint8 ackRequest;
        int8 rssi;                // 信号强度
        volatile uint8 isReady；   // 检查到新数据包的标志
        uint8 status;
} basicRfRxInfo_t;
```

（2）第 13 行，调用 basicRfReceive（pRxData, APP_PAYLOAD_LENGTH, NULL）函数，把收到的数据复制到 buffer 中，即 pRxData，注意与发送数据 buffer 的 pTxData 的区别。

```
uint8 basicRfReceive（uint8* pRxData, uint8 len, int16* pRssi）
    {   halIntOff( );                    // 关闭中断
      memcpy（pRxData, rxi.pPayload, min（rxi.length, len））;
                      // 从 rxi.pPayload 中复制数据到 pRxData
        if（pRssi != NULL）{if（rxi.rssi < 128）{
            *pRssi = rxi.rssi−halRfGetRssiOffset( );        }
                else{
            *pRssi =（rxi.rssi−256）−halRfGetRssiOffset( );
    }
    }
    rxi.isReady = FALSE;              // 取消新数据包标志
    halIntOn( );                     // 开中断
    return min（rxi.length, len）;    // 返回接收的字节数（最少的）
    }
```

从上述代码可知：接收到的新数据被复制到 pRxData 中。

说明：Rssi 一般是用来说明无线信号强度的。英文是 Received signal strength indication，它与模块的发送功率以及天线的增益有关。

（3）第 15 行，判断接收的内容是否与发送的数据一致。若正确，则改变 LED1 灯的亮、灭状态。

3.3 任务实施

CC2530 芯片　　寄存器的 =
IO 口的配置　　和 &=~ 操作

3.3.1 打开 TI 官网的工程

登录 TI 官网，下载 CC2530 BasicRF.rar，解压后双击 "\CC2530 BasicRF\CC2530 BasicRF\ide\srf05_cc2530\iar" 文件夹中的 "light_switch.eww" 工程文件，打开后如图 3-3 所示。

图 3-3　light_switch.eww 工程界面

3.3.2 查看按键引脚和 LED 灯引脚

本任务采用与 TI 官网发布的开发平台一致的引脚设置，如使用的设备与本任务不一致，请根据实际电路自行修改。打开 "hal_board.h" 头文件，打开方法有两种。

（1）展开左边 Workspace 栏中的 "light_switch.c" 的 "+" 号，就可以在展开文件

列表中找到"hal_board.h"头文件，双击该文件，就可以打开它。

（2）在"light_switch.c"文件的开始部分代码中，可以找到"include <hal_board.h>"宏定义，右击该宏定义并选中【Open "hal_board.h"】命令，立刻打开该文件。

```
// LEDs
#define HAL_BOARD_IO_LED_1_PORT      1    // Green
#define HAL_BOARD_IO_LED_1_PIN       0
#define HAL_BOARD_IO_LED_2_PORT      1    // Red
#define HAL_BOARD_IO_LED_2_PIN       1
#define HAL_BOARD_IO_LED_3_PORT      1    // Yellow
#define HAL_BOARD_IO_LED_3_PIN       4
#define HAL_BOARD_IO_LED_4_PORT      0    // Orange
#define HAL_BOARD_IO_LED_4_PIN       1



// Buttons
#define HAL_BOARD_IO_BTN_1_PORT      0    // Button S1
#define HAL_BOARD_IO_BTN_1_PIN       1
```

3.3.3　编写程序

基于 BasicRF 的点对点按键点灯代码编写

light_switch.c 文件代码：

```
#include <hal_lcd.h>
#include <hal_led.h>
#include <hal_joystick.h>
#include <hal_assert.h>
#include <hal_board.h>
#include <hal_int.h>
#include "hal_mcu.h"
#include "hal_button.h"
```

```
#include "hal_rf.h"
#include "util_lcd.h"
#include "basic_rf.h"

#define RF_CHANNEL    25          // 2.4 GHz RF 信道
// BasicRF address definitions
#define PAN_ID    0x2007
#define SWITCH_ADDR    0x2520
#define LIGHT_ADDR    0xBEEF
#define APP_PAYLOAD_LENGTH    1
#define LIGHT_TOGGLE_CMD    0

// Application role
#define NONE    0
#define SWITCH    1
#define LIGHT    2
#define APP_MODES    2

/***************** LOCAL VARIABLES *****************/

static uint8 pTxData[APP_PAYLOAD_LENGTH];
static uint8 pRxData[APP_PAYLOAD_LENGTH];
static basicRfCfg_t basicRfConfig;

static void appLight();
static void appSwitch();
static void appLight()
{
        // Initialize BasicRF
```

```
        basicRfConfig.myAddr = LIGHT_ADDR;
        if（basicRfInit（&basicRfConfig）==FAILED）{
            HAL_ASSERT（FALSE）;
        }
        basicRfReceiveOn();

        // Main loop
        while（TRUE）{
            while（!basicRfPacketIsReady()）;

            if（basicRfReceive（pRxData, APP_PAYLOAD_LENGTH, NULL）>0）{
                if（pRxData[0] == LIGHT_TOGGLE_CMD）{
                    halLedToggle（1）;
                }
            }
        }
    }

static void appSwitch()
{
    pTxData[0] = LIGHT_TOGGLE_CMD;
    // Initialize BasicRF
    basicRfConfig.myAddr = SWITCH_ADDR;
    if（basicRfInit（&basicRfConfig）==FAILED）{
        HAL_ASSERT（FALSE）;
    }
    // Keep Receiver off when not needed to save power
    basicRfReceiveOff();
```

```
        // Main loop
    while（TRUE）{
            if（halButtonPushed( )==LIGHT_TOGGLE_CMD）{
                    basicRfSendPacket（LIGHT_ADDR，pTxData，APP_PAYLOAD_LENGTH）;
                    halMcuWaitMs（350）;
                }
        }
    }
    void main（void）
    {
        uint8 appMode = NONE;

        // Config basicRF
        basicRfConfig.panId = PAN_ID;
        basicRfConfig.channel = RF_CHANNEL;
        basicRfConfig.ackRequest = TRUE;

        // Initalise board peripherals
        halBoardInit( );
        // Initalise hal_rf
        if（halRfInit( )==FAILED）{
            HAL_ASSERT（FALSE）;
        }

        // Indicate that device is powered
        halLedSet（1）;
        halMcuWaitMs（350）;

        // Transmitter application
        if（appMode == SWITCH）{
            // No return from here
            appSwitch( );
        }
        // Receiver application
        else if（appMode == LIGHT）{
```

```
        // No return from here
        appLight( );
    }
    // Role is undefined. This code should not be reached
    HAL_ASSERT（FALSE）;
}
```

3.3.4　下载与操作

1. 给发射和接收模块下载程序

（1）在"light_switch.c"的主函数中找到"uint8 appMode = NONE；"代码，并把它注释掉，在其下一行添加"uint8 appMode = SWITCH；"代码。编译程序，无误后下载到发射模块中。

基于 BasicRF 的点对点
按键点灯实验操作步骤

（2）在"light_switch.c"的主函数中找到"uint8 appMode = SWITCH；"代码，将其修改为："uint8 appMode = LIGHT；"。编译程序，无误后下载到接收模块中。

2. 操作

按下发送模块上的按键，观察接收节点上 LED 灯的变化。

3.4　课程思政

思政元素：代码编写注释约束。通过思政元素强化职业素养教育。

学生在掌握知识的同时，职业素养教育也是十分必要的，在进行项目开发时，所编写的代码一定要做到可读性强、可维护性强、高内聚、低耦合、增强移植性。代码编写格式的规范，体现着从业者的团队意识和职业素养。

在上一章我们进行了代码编写排版的约束讲解，本章我们通过讲解代码注释，提升程序的可读性和可维护性，进一步强化学生的团队意识。

（1）一般情况下，源程序有效注释量必须在 20% 以上。注释的原则是有助于对程序的阅读理解，注释不宜太多也不能太少，注释必须准确、易懂、简介。

（2）说明性文件（如头文件 .h 文件、.inc 文件、.def 文件、编译说明文件、.cfg 文件等）头部应进行注释，注释必须列出版权说明、版本号、生成日期、作者、内容、功能、与其他文件的关系、修改日志等，头文件的注释还应有函数功能简要说明。

（3）函数头部应进行注释，列出函数的目的、功能、输入参数、输出参数、返回值、调用关系等。

（4）边写代码边注释，修改代码同时修改相应的注释，以保证注释与代码的一致性。无用的注释要删除。

（5）将注释与其上面的代码用空行隔开。

（6）对变量的定义和分支语句、条件语句、循环语句等必须编写注释。

3.5　小结

本部分主要实现了以 BasicRF 无线点对点传输协议为基础的无线 LED 灯控制，通过本章讲解使学生了解 BasicRF 层工作机制；熟悉无线发送和接收函数；理解发送地址和接收地址、PAN_ID、RF_CHANNEL 等概念；学会使用 CC2530 建立点对点的无线通信方法。

第4章

基于 BasicRF 的点对点串口点灯

4.1 任务描述

以 BasicRF 无线点对点传输协议为基础，采用两块 ZigBee 模块作为无线发射模块和无线接收模块，节点 A 通过串口与 PC 机连接，接收串口发送的数

串口数据发送与接收代码解析

基于 BasicRF 的点对点串口点灯

基于 BasicRF 的点对点按键点灯代码解析

据，PC 串口发送数据为规定好的自定义控制指令，A 节点接收到无线数据后发送给 B 节点，B 节点根据收到的指令格式进行 LED 灯的控制。

4.2 知识讲解

4.2.1 定义数组

本任务涉及串口数据的发送以及无线数据的收发，考虑到程序后续的拓展，在此定义四个数组，分别为串口发送数据、串口接收数组、无线发送数组、无线接收数组。

```
#define MAX_SEND_BUF_LEN    128
#define MAX_RECV_BUF_LEN    128
static uint8 pTxData[MAX_SEND_BUF_LEN];          // 无线发送缓冲区的大小
static uint8 pRxData[MAX_RECV_BUF_LEN];          // 无线接收缓冲区的大小

#define MAX_UART_SEND_BUF_LEN    128
#define MAX_UART_RECV_BUF_LEN    128
uint8 uTxData[MAX_UART_SEND_BUF_LEN];            // 串口发送缓冲区的大小
uint8 uRxData[MAX_UART_RECV_BUF_LEN];            // 串口接收缓冲区的大小
```

4.2.2 通信节点配置

```
/***** 点对点通信地址设置 ******/
#define RF_CHANNEL    20         // 频道 11~26
#definePAN_ID    0x2007          // 网络 ID
#define RFsend_ADDR    0x1234    // 发送无线数据模块地址
#define RFreceive_ADDR    0x5678 // 接收无线数据模块地址
```

4.2.3 串口相关函数

CC2530 芯 片串口配置　　串口发送函数 的编写　　串口接收函 数的编写

由于 TI 官网下载 CC2530 BasicRF 工程模板中未实现 UART 相关函数，所以要编写串口的初始化、输入、输出函数。

（1）创建 hal_uart.h 文件，保存到 "source\components\targets\interface" 文件夹下，并添加到工程的 "hal\interface" 分组下，代码如下，可参见工程中代码直接复制：

```
/*******************************************************
*********

    Filename:    hal_uart.h


    Description:  hal UART library header file



    *******************************************************
*********/
    #ifndef __HAL_UART_H
    #define __HAL_UART_H
    //---------------------------------------------
    // Initialize UART at the startup
    //---------------------------------------------
    void halUartInit(uint32 baud);


    //---------------------------------------------
```

```
// Read a buffer from the UART
//----------------------------------------------
extern uint16 halUartRead(uint8 *pBuffer, uint16 length);


//----------------------------------------------
// Write a buff to the uart
//----------------------------------------------
extern uint16 halUartWrite(uint8 *pBuffer, uint16 length);


//----------------------------------------------
// Return the number of bytes in the Rx buffer
//----------------------------------------------
extern uint16 halUartRxLen(void);


//----------------------------------------------
// Abort UART when entering sleep mode
//----------------------------------------------
extern void halUartSuspend(void);


//----------------------------------------------
// Resume UART after wakeup from sleep
//----------------------------------------------
extern void halUartResume(void);

extern void MyByteCopy(uint8 *dst, int dststart, uint8 *src, int srcstart, int len);

#endif
```

（2）新建 hal_uart.c 文件，代码如下，可参见工程中代码直接复制：

```
//----------------------------------------------------------------
// Filename：hal_uart.c
// Description：This file contains the interface to the H/W UART driver.
//----------------------------------------------------------------
//----------------------------------------------------------------
// INCLUDES
```

```
//------------------------------------------------------------------
#include "hal_defs.h"
#include "hal_board.h"
#include "hal_uart.h"


//------------------------------------------------------------------
// MACROS
//------------------------------------------------------------------
#define HAL_UART_ISR_RX_AVAIL()\
( uartCfg.rxTail >= uartCfg.rxHead ) ? \
( uartCfg.rxTail−uartCfg.rxHead ): \
( HAL_UART_ISR_RX_MAX−uartCfg.rxHead + uartCfg.rxTail )


#define HAL_UART_ISR_TX_AVAIL()\
( uartCfg.txHead > uartCfg.txTail ) ? \
( uartCfg.txHead−uartCfg.txTail−1 ): \
( HAL_UART_ISR_TX_MAX−uartCfg.txTail + uartCfg.txHead−1 )


//------------------------------------------------------------------
// TYPEDEFS
//------------------------------------------------------------------
// U0CSR−USART Control and Status Register.
#define CSR_MODE    0x80
#define CSR_RE    0x40
#define CSR_SLAVE    0x20
#define CSR_FE    0x10
#define CSR_ERR    0x08
#define CSR_RX_BYTE    0x04
#define CSR_TX_BYTE    0x02
```

```
#define CSR_ACTIVE    0x01


// U0UCR-USART UART Control Register.
#define UCR_FLUSH    0x80
#define UCR_FLOW    0x40
#define UCR_D9    0x20
#define UCR_BIT9    0x10
#define UCR_PARITY    0x08
#define UCR_SPB    0x04
#define UCR_STOP    0x02
#define UCR_START    0x01


#define UTX0IE    0x04
#define U0RX_TX    0x0C


#define HAL_UART_PERCFG_BIT    0x01


#define HAL_UART_ISR_RX_MAX    128
#define HAL_UART_ISR_TX_MAX    HAL_UART_ISR_RX_MAX


typedef struct
{
    uint8 rxBuf[HAL_UART_ISR_RX_MAX];
    uint8 rxHead;
    volatile uint8 rxTail;
    uint8 rxShdw;


    uint8 txBuf[HAL_UART_ISR_TX_MAX];
```

```
        volatile uint8 txHead;
    uint8 txTail;
    uint8 txMT;
} uartCfg_t;


//----------------------------------------------------------------
// LOCAL VARIABLES
//----------------------------------------------------------------
uartCfg_t uartCfg;


//----------------------------------------------------------------
// @fn    halUartInit
// @brief  Initialize the UART
// @param   none
// @return   none
//----------------------------------------------------------------
void halUartInit（uint32 baud）
{
    // UART Configuration
    PERCFG &= ~HAL_UART_PERCFG_BIT; // Set UART0 I/O location to P0.

    P0SEL |= U0RX_TX; // Enable Tx and Rx peripheral functions on pins.
    ADCCFG &= ~U0RX_TX; // Make sure ADC doesn't use this.
    U0CSR = CSR_MODE; // Mode is UART Mode.
    U0UCR = UCR_FLUSH; // Flush it.

    // Only supporting subset of baudrate for code size−other is possible.
    // 38400
    // U0BAUD = 59;
```

```c
//  U0GCR = 10;
//  9600
//  U0BAUD = 59;
//  U0GCR = 8;
//  U0BAUD = value_u0baud;
//  U0GCR = value_u0gcr;

switch（baud）
{
    case 1200：
        U0BAUD = 59; U0GCR = 5; break;
    case 2400：
        U0BAUD = 59; U0GCR = 6; break;
    case 4800：
        U0BAUD = 59; U0GCR = 7; break;
    case 9600：
        U0BAUD = 59; U0GCR = 8; break;
    case 14400：
        U0BAUD = 216; U0GCR = 8; break;
    case 19200：
        U0BAUD = 59; U0GCR = 9; break;
    case 28800：
        U0BAUD = 216; U0GCR = 9; break;
    case 38400：
        U0BAUD = 59; U0GCR = 10; break;
    case 57600：
        U0BAUD = 216; U0GCR = 10; break;
    case 76800：
        U0BAUD = 59; U0GCR = 11; break;
```

```
        case 115200:
            U0BAUD = 216; U0GCR = 11; break;
        case 230400:
            U0BAUD = 216; U0GCR = 12; break;
        default:
            U0BAUD = 59; U0GCR = 10; break;
    }

    // 8 bits/char; no parity; 1 stop bit; stop bit hi.
    U0UCR = UCR_STOP;
    U0CSR |= CSR_RE;
    URX0IE = 1;
    U0DBUF = 0; // Prime the ISR pump.
    uartCfg.rxHead = 0;
    uartCfg.rxTail = 0;
    uartCfg.txHead = 0;
    uartCfg.txTail = 0;
    uartCfg.rxShdw = 0;
    uartCfg.txMT = 0;
}

//-----------------------------------------------------------------
// @fn    halUartRead
// @brief  Read a buffer from the UART
// @param    buf    -valid data buffer at least 'len' bytes in size
//           len    -max length number of bytes to copy to 'buf'
// @return    length of buffer that was read
//-----------------------------------------------------------------
uint16 halUartRead (uint8 *buf, uint16 len)
```

```
{
    uint16 cnt = 0;

    while ((uartCfg.rxHead != uartCfg.rxTail) && (cnt < len))
    {
        *buf++ = uartCfg.rxBuf[uartCfg.rxHead++];
        if (uartCfg.rxHead >= HAL_UART_ISR_RX_MAX)
        {
            uartCfg.rxHead = 0;
        }
        cnt++;
    }

    return cnt;
}


//---------------------------------------------------------------------
// @fn    halUartWrite
// @brief   Write a buffer to the UART.
// @param    buf-pointer to the buffer that will be written, not freed
//            len-length of
// @return   length of the buffer that was sent
//---------------------------------------------------------------------
uint16 halUartWrite (uint8 *buf, uint16 len)
{
    uint16 cnt;

    // Accept "all-or-none" on write request.
    if (HAL_UART_ISR_TX_AVAIL()< len)
```

```
    {
        return 0;
    }

    for（cnt = 0; cnt < len; cnt++）
    {
        uartCfg.txBuf[uartCfg.txTail] =   *buf++;
        uartCfg.txMT = 0;

        if（uartCfg.txTail >= HAL_UART_ISR_TX_MAX−1）
        {
            uartCfg.txTail = 0;
        }
        else
        {
            uartCfg.txTail++;
        }

        // Keep re−enabling ISR as it might be keeping up with this loop due to other ints.
        IEN2 |= UTX0IE;
    }
    //   U0DBUF = uartCfg.txBuf[uartCfg.txHead++];
    // IEN2 |= UTX0IE;
    return cnt;
}


//-----------------------------------------------------------------
// @fn    halUartRxLen( )
// @brief    Calculate Rx Buffer length−the number of bytes in the buffer.
```

```
// @param    none
// @return   length of current Rx Buffer
//------------------------------------------------------------------
uint16 halUartRxLen（void）
{
    return HAL_UART_ISR_RX_AVAIL();
}


//------------------------------------------------------------------
// @fn    halUartSuspend
// @brief   Suspend UART hardware before entering PM mode 1，2 or 3.
// @param   None
// @return   None
//------------------------------------------------------------------
void halUartSuspend（void）
{
    U0CSR &= ~CSR_RE;
}


//------------------------------------------------------------------
// @fn    halUartResume
// @brief   Resume UART hardware after exiting PM mode 1，2 or 3.
// @param   None
// @return   None
//------------------------------------------------------------------
void halUartResume（void）
{
    U0UCR |= UCR_FLUSH;
    U0CSR |= CSR_RE;
```

```
}


//------------------------------------------------------------------
// @fn    halUartRxIsr
// @brief    UART Receive Interrupt
// @param    None
// @return    None
//------------------------------------------------------------------
HAL_ISR_FUNCTION（halUart0RxIsr, URX0_VECTOR）
{
    uint8 tmp = U0DBUF;
    uartCfg.rxBuf[uartCfg.rxTail] = tmp;


    // Re-sync the shadow on any 1st byte received.
    if（uartCfg.rxHead == uartCfg.rxTail）
    {
        uartCfg.rxShdw = ST0;
    }


    if（++uartCfg.rxTail >= HAL_UART_ISR_RX_MAX）
    {
        uartCfg.rxTail = 0;
    }
}


//------------------------------------------------------------------
// @fn    halUartTxIsr
// @brief    UART Transmit Interrupt
// @param    None
```

```
// @return    None
//-------------------------------------------------------------------
HAL_ISR_FUNCTION（halUart0TxIsr，UTX0_VECTOR）
{
    if（uartCfg.txHead == uartCfg.txTail）
    {
        IEN2 &= ~UTX0IE；
        uartCfg.txMT = 1；
    }
    else
    {
        UTX0IF = 0；
        U0DBUF = uartCfg.txBuf[uartCfg.txHead++]；

        if（uartCfg.txHead >= HAL_UART_ISR_TX_MAX）
        {
            uartCfg.txHead = 0；
        }
    }
}


void MyByteCopy（uint8 *dst，int dststart，uint8 *src，int srcstart，int len）
{
    int i；
    for（i=0；i<len；i++）
    {
        *（dst+dststart+i）=*（src+srcstart+i）；
    }
}
```

```
/*****************************************************/
uint16 RecvUartData（void）
{
    uint16 r_UartLen = 0;
    uint8 r_UartBuf[128];
    uRxlen=0;
    r_UartLen = halUartRxLen();
    while（r_UartLen > 0）
    {
        r_UartLen = halUartRead（r_UartBuf，sizeof（r_UartBuf））;
        MyByteCopy（uRxData，uRxlen，r_UartBuf，0，r_UartLen）;
        uRxlen += r_UartLen;
        halMcuWaitMs（5）;
        r_UartLen = halUartRxLen();
    }
    return uRxlen;
}
```

4.2.4 自定义传输协议

由于需要控制 Green、Red、Yellow、Orange（参看 hal_board.h 文件）四个灯，所以要自定义简单的控制协议，本控制协议制定如表 4-1 所示。

表 4-1 控制协议制定

1 字节	1 字节	1 字节
0xFF	0x00~0x03	0x00/0x01
指令开始字节	灯序列号依次为：Green、Red、Yellow、Orange	关 / 开

通过串口发送具体指令如下（HEX 发送）：

◆ 控制 Green 灯关：FF 00 00

◆ 控制 Green 灯开：FF 00 01

- ◆ 控制 Red 灯关：FF 01 00
- ◆ 控制 Red 灯开：FF 01 01
- ◆ 控制 Yellow 灯关：FF 02 00
- ◆ 控制 Yellow 灯开：FF 02 01
- ◆ 控制 Orange 灯关：FF 03 00
- ◆ 控制 Orange 灯开：FF 03 01

4.3　任务实施

点对点创建工程
以及工程配置

4.3.1　工程创建

1. 复制库文件

将第 3 章中 CC2530 BasicRF 文件夹下的 source 文件夹复制到该任务的工程文件夹内，即"资源 \PART4\ 基于 BasicRF 的点对点串口点灯"内。并在该工程文件夹内新建一个 Project 文件夹，用于存放工程文件。

2. 新建工程

工程名字命名为"uartRF"，具体方法参见第 2 章新建工程。在工程中新建 App、basicrf、hal、utils 等 4 个组，在 hal 组下新建 common、interface、rf、srf05_soc 组，在 rf 组下新建 cc2530 组，如图 4-1 所示。

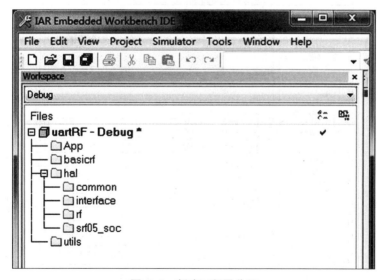

图 4-1　新建工程及分组

把 source 文件夹下 components 下各文件夹中的 "xx.c" 文件添加到对应的文件夹中，对应关系如表 4-2 所示。

表 4-2　文件与文件夹的对应关系

工程分组	components 下文件夹
basicrf	basicrf
hal\common	common
hal\common	targets\common
hal\rf\cc2530	radios\cc2530
hal\ interface	targets\interface
hal\srf05_soc	targets\srf05_soc
utils	utils

3. 新建程序文件

新建程序文件，将其命名为 "uartRF.c"，保存在 "资源 \PART4\ 基于 BasicRF 的点对点串口点灯 \Project" 文件夹中。并将该文件添加到工程中的 App 文件夹中。

4. 为工程添加文件路径

单击 IAR 菜单中的 "Project" → "Options…" 命令，在弹出的对话框中选择 "C/C++ Compiler"，然后选择 "Preproce" 选项卡，并在 "Additional include directories：" 中输入头文件的路径，如图 4-2 所示。然后单击 "OK" 按钮即可。

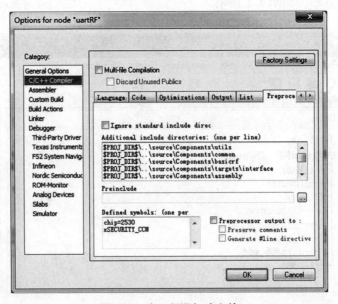

图 4-2　为工程添加头文件

注意：

$PROJ_DIR$\ 即你当前工作的 workspace 的目录。..\ 表示对应目录的上一层。

例如：$TOOLKIT_DIR$INC\ 和 $TOOLKIT_DIR$INC\CLIB\，都表示当前工作的 workspace 的目录。$PROJ_DIR$\ ..\inc 表示你的 WORKSPACE 目录上一层的 INC 目录。

4.3.2　配置工程

单击 IAR 菜单中的"Project"→"Options…"命令，分别对"General Options""Linker"和"Debugger"三项进行配置，如图 4-3 所示。

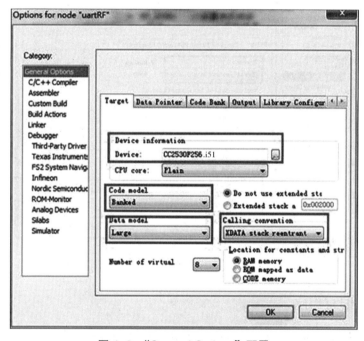

图 4-3　"General Options"配置

1. General Options 配置

选中"Target"选项卡，在"Device"栏内选择"CC2530F256.i51"（路径：C:\…\8051\config\devices\Texas Instruments）。其他设置如图 4-3 所示。

2. Linker 配置

选中"Config"选项卡，勾选"Overide default"，并在该栏内选择"lnk51ew_CC2530 F256_banked.xcl"配置文件，其路径为"C:\…\8051\config\devices\Texas Instruments"。

3. Debugger 配置

选中"Setup"选项卡，在"Driver"栏内选择"Texas Instruments"；在"Device Description file"栏内，勾选"Overide default"，并在该栏内选择"io8051.ddf"配置文件，其路径为"C:\…\8051\config\devices_generic"，如图 4-4 所示。

4. 添加串口文件

将第二节编写的 hal_uart.c 文件保存到"PART4\ 基于 BasicRF 的点对点串口点灯\source\components\common"目录下并添加到工程的 common 分组下。

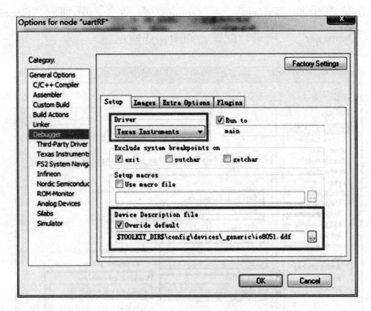

图 4-4　Debugger 配置

4.3.3　编写程序

依据第二节知识讲解，在 uartRF.c 文件中编写代码如下：

```
#include <hal_lcd.h>

#include <hal_led.h>

#include <hal_joystick.h>

#include <hal_assert.h>

#include <hal_board.h>
```

```
#include <hal_int.h>
#include "hal_mcu.h"
#include "hal_button.h"
#include "hal_rf.h"
#include "util_lcd.h"
#include "basic_rf.h"
#include "hal_uart.h"


#define MAX_SEND_BUF_LEN    128
#define MAX_RECV_BUF_LEN    128
static uint8 pTxData[MAX_SEND_BUF_LEN];    // 定义无线发送缓冲区的大小
static uint8 pRxData[MAX_RECV_BUF_LEN];    // 定义无线接收缓冲区的大小


#define MAX_UART_SEND_BUF_LEN    128
#define MAX_UART_RECV_BUF_LEN    128
uint8 uTxData[MAX_UART_SEND_BUF_LEN];    // 定义串口发送缓冲区的大小
uint8 uRxData[MAX_UART_RECV_BUF_LEN];    // 定义串口接收缓冲区的大小


static basicRfCfg_t basicRfConfig;
static uint8 APP_MODES;
uint16 uTxlen = 0;
uint16 uRxlen = 0;


#define RF_CHANNEL    25        // 2.4 GHz RF channel


// BasicRF address definitions
#define PAN_ID    0x2007
#define RFsend_ADDR    0x1234
#define RFreceive_ADDR    0x5678
```

```
// Application role
#define NONE    0
#define RFsend    1
#define RFreceive    2

static void appRFsend( );
static void appRFreceive( );

uint16 RecvUartData（void）
{
    uint16 r_UartLen = 0;
    uint8 r_UartBuf[128];
    uRxlen=0;
    r_UartLen = halUartRxLen( );
    while（r_UartLen > 0）
    {
        r_UartLen = halUartRead（r_UartBuf, sizeof（r_UartBuf）);
        MyByteCopy（uRxData, uRxlen, r_UartBuf, 0, r_UartLen）;
        uRxlen += r_UartLen;
        halMcuWaitMs（5）;
        r_UartLen = halUartRxLen( );
    }
    return uRxlen;
}
/*****************************************************/
// 无线 RF 初始化
void ConfigRf_Init（void）
{
    basicRfConfig.panId    =    PAN_ID;    // ZigBee 的 ID 号设置
    basicRfConfig.channel    =    RF_CHANNEL;    // ZigBee 的频道设置
    if（APP_MODES==1）
```

```
    {
    basicRfConfig.myAddr    =RFsend_ADDR;
                                        // 设置 RF 发送模块地址
    }else
    {
       basicRfConfig.myAddr =RFreceive_ADDR;
                                        // 设置 RF 接收模块地址
    }
    basicRfConfig.ackRequest  =   TRUE;          // 应答信号
    while（basicRfInit（&basicRfConfig）== FAILED）;
                                        // 检测参数是否配置成功
    basicRfReceiveOn（）;                // 打开 RF
}

static void appRFreceive（）
{
    uint16 len = 0;
    while（TRUE）{
        while（!basicRfPacketIsReady（））;

        len = basicRfReceive（pRxData，MAX_RECV_BUF_LEN，NULL）;
        if（pRxData[0]==0xFF）
        {
            if（pRxData[1]==0x00）
            {
                if（pRxData[2]==0x00）
                {
                halLedSet（1）;
                }else if（pRxData[2]==0x01）
                {
                halLedClear（1）;
                }
            }
            if（pRxData[1]==0x01）
             {
```

```
                                    if（pRxData[2]==0x00）
                                    {
                                     halLedSet（2）;
                                    }else if（pRxData[2]==0x01）
                                    {
                                    halLedClear（2）;
                                    }
                                  }
                              if（pRxData[1]==0x02）
                                  {
                                    if（pRxData[2]==0x00）
                                    {
                                     halLedSet（3）;
                                    }else if（pRxData[2]==0x01）
                                    {
                                    halLedClear（3）;
                                    }
                                  }
                                if（pRxData[1]==0x03）
                              {
                                  if（pRxData[2]==0x00）
                                  {
                                   halLedSet（4）;
                                  }else if（pRxData[2]==0x01）
                                  {
                                  halLedClear（4）;
                                  }
                              }
```

```
            }
                len=0;
        }
}
static void appRFsend( )
{
        uint16 len = 0;
        while（TRUE）{
        len = RecvUartData( );          // 接收串口数据
          if（len > 0）
          {
            if（uRxData[0]==0xFF）
            {
                                // 把串口数据通过 ZigBee 发送出去
                basicRfSendPacket（RFreceive_ADDR，uRxData，len）;
            }
          }
        }
}
void main（void）
{
    APP_MODES =NONE;              // 设置发送或接收端

    // Initalise board peripherals
    halBoardInit( );
    // Config basicRF
    ConfigRf_Init( );
    halUartInit（38400）;          // 串口初始化,并设置通信波特率
    // Indicate that device is powered
```

```
        halLedSet（1）;
        halMcuWaitMs（350）;


        // Transmitter application
        if（APP_MODES == RFsend）{
            // No return from here
            appRFsend( );
        }
        // Receiver application
        else if（APP_MODES == RFreceive）{
            // No return from here
            appRFreceive( );
        }
        // Role is undefined. This code should not be reached
        HAL_ASSERT（FALSE）;
    }
```

4.3.4 下载与操作

基于 BasicRF 的点对点串口点灯实验步骤

1. 给发射和接收模块下载程序

（1）在"uartRF.c"的主函数中找到"APP_MODES = NONE；"代码，并把它注释掉，在其下一行添加"APP_MODES = RFsend；"代码。编译程序，无误后下载到发射模块中。

（2）在"uartRF.c"的主函数中找到"APP_MODES = NONE；"代码，将其修改为："APP_MODES = RFreceive；"。编译程序，无误后下载到接收模块中。

2. 操作

将发送模块 A 通过串口与 PC 机连接，打开串口助手软件，设置串口号及波特率等参数，打开串口，如图 4-5 所示。

按照指令格式进行 HEX 发送，观察模块 B 上 LED 灯的变化。

图 4-5　串口助手界面

4.4　课程思政

思政元素：我国 5G 技术的发展。通过思政元素强化爱国主义教育。

当前我国 5G 正在加速发展，5G 基站建设进度超过预期，累计终端连接数至 2020 年 7 月底达到 8 800 万，5G 用户数于 2020 年年底已超过 1 亿！

从 2019 年 10 月 31 日 5G 正式投入商用以来，5G 与我们生活的联系越来越紧密。5G 已经悄然改变着我们的生活。

冠状病毒疫情期间，上海在突击抢建的发热病房中，使用了 5G 远程会诊、5G 消毒、运送和会诊机器人、5G 智能远程监护等 5G 应用场景，为市民的生命安全保驾护航。

5G 无人机巡田，让过去一天巡逻 10 亩田提高到足不出户每小时巡田 40 亩以上。

中国在 5G 方面的三大优势：

（1）市场优势：未来 5G 消费互联网向产业互联网发展是大势所趋。而我国在移动支付、电子商务方面，在全球处于领先地位。消费互联网领域形成的很多商业模式创新可以借鉴到产业互联网里面。

（2）政策和体制机制优势：5G 网络属于基础设施，初期投入很大，只靠运营商的投入，可能在短期内很难形成有效的商业循环。我们从中央层面到地方层面，都高度关注并支持 5G 发展。

（3）技术优势：从我国在 5G 整机制造和 5G 应用的相关领域，都有一定的技术优势。

4.5　小结

本部分主要实现了以 BasicRF 无线点对点传输协议为基础，实现通过串口发送指令给无线发送端点，无线发送端点将数据发送给接收端点，接收端点根据接收到的指令控制模块上的 LED 灯。通过本章讲解使学生进一步了解 BasicRF 层的工作机制；掌握利用模板创建工程以及在点对点中串口的使用。

第 5 章

基于 BasicRF 的点对点串口聊天

5.1　任务描述

以 BasicRF 无线点对点传输协议为基础，采用 2 个 ZigBee 模块（节点 A 和节点 B），用一根串口线把节点 A 与 PC 机连接起来，再用一根串口线把节点 B 与 PC 机相连，打开节点 A 和节点 B 对应电脑上的串口调试软件，通过串口助手可实现信息的传输，像聊天软件一样进行信息的收和发，实现无线串口通信。

5.2　知识讲解

5.2.1　基本设置

基本设置包括串口发送数组、串口接收数组、无线发送数组、无线接收数组，以及通信节点的配置。此部分配置参见第 4 章讲解。

5.2.2　相关函数

串口相关函数已在第 4 章进行编写，在此进行函数功能的描述，如表 5-1 所示。

相关函数讲解

表 5-1　函数功能描述

函数功能	函数原型	参数说明
串口初始化	void halUartInit（uint32 baud）;	波特率设置

续表

函数功能	函数原型	参数说明
串口接收	uint16 halUartRead（uint8 *pBuffer, uint16 length）;	参数 1: 接收数组 参数 2: 接收长度
串口发送	uint16 halUartWrite（uint8 *pBuffer, uint16 length）;	参数 1: 发送数组 参数 2: 发送长度

5.2.3　串口接收转无线发送

通过调用 RecvUartDate( ) 函数来接收串口数据，并以数据长度来判断是否收到数据。如果收到数据，调用 basicRfSendPacket( ) 函数，将数据发送出去，发送地址为接收端地址。

```
len = RecvUartData( );        // 接收串口数据
    if（len > 0）
    {
                    // 把串口数据通过 ZigBee 发送出去
        basicRfSendPacket（SEND_ADDR, uRxData, len）;
    }
```

5.2.4　无线接收转串口发送

通过调用 basicRfPacketIsReady( ) 函数，查询是否有新的无线数据，如果有新的无线数据，则调用 basicRfReceive( ) 函数接收无线数据，然后调用 halUartWrite( ) 函数，将数据通过串口发送给 PC 机。

```
if（basicRfPacketIsReady( )）  // 查询有没有收到无线信号
    {
                    // 接收无线数据
        len = basicRfReceive（pRxData, MAX_RECV_BUF_LEN, NULL）;
                    // 将接收到的无线数据发送到串口
        halUartWrite（pRxData, len）;
    }
```

5.3　任务实施

5.3.1　工程创建

由于本章所完成的任务所用工程与第 4 章一致，只有应用层文件代码需要编写，所以本章直接复制第 4 章工程，在该工程基础上进行代码编写。

5.3.2　编写程序

依据第二节知识讲解，编写 uartRF.c 文件代码如下：

基于 BasicRF 点对点
串口聊天的代码解析

```
#include <hal_lcd.h>

#include <hal_led.h>

#include <hal_joystick.h>

#include <hal_assert.h>

#include <hal_board.h>

#include <hal_int.h>

#include "hal_mcu.h"

#include "hal_button.h"

#include "hal_rf.h"

#include "util_lcd.h"

#include "basic_rf.h"

#include "hal_uart.h"


#define MAX_SEND_BUF_LEN    128

#define MAX_RECV_BUF_LEN    128

static uint8 pTxData[MAX_SEND_BUF_LEN];            // 定义无线发送缓冲区的大小

static uint8 pRxData[MAX_RECV_BUF_LEN];            // 定义无线接收缓冲区的大小


#define MAX_UART_SEND_BUF_LEN    128

#define MAX_UART_RECV_BUF_LEN    128

uint8 uTxData[MAX_UART_SEND_BUF_LEN];            // 定义串口发送缓冲区的大小
```

```c
uint8 uRxData[MAX_UART_RECV_BUF_LEN];           // 定义串口接收缓冲区的大小


static basicRfCfg_t basicRfConfig;
static uint8 APP_MODES;
uint16 uTxlen = 0;
uint16 uRxlen = 0;


#define RF_CHANNEL    25                          // 2.4 GHz RF channel

// BasicRF address definitions
#define PAN_ID    0x2007
#define RFsend_ADDR    0x1234
#define RFreceive_ADDR    0x5678


// Application role
#define NONE    0
#define A_POINT    1
#define B_POINT    2

uint16 RecvUartData（void）
{
    uint16 r_UartLen = 0;
    uint8 r_UartBuf[128];
    uRxlen=0;
    r_UartLen = halUartRxLen();
    while（r_UartLen > 0）
    {
        r_UartLen = halUartRead（r_UartBuf, sizeof（r_UartBuf））;
        MyByteCopy（uRxData, uRxlen, r_UartBuf, 0, r_UartLen）;
        uRxlen += r_UartLen;
```

```
        halMcuWaitMs（5）;    // 这里的延迟非常重要，因为串口连续读取数
                              据时需要有一定的时间间隔
        r_UartLen = halUartRxLen（);
    }
    return uRxlen;
}
/*************************************************/
// 无线 RF 初始化
void ConfigRf_Init（void）
{
    basicRfConfig.panId=   PAN_ID;                    // ZigBee 的 ID 号设置
    basicRfConfig.channel=  RF_CHANNEL;               // ZigBee 的频道设置
    if（APP_MODES==A_POINT）
    {
    basicRfConfig.myAddr=   RFsend_ADDR;              // 设置 RF 发送模块地址
    }else if（APP_MODES==B_POINT）
    {
        basicRfConfig.myAddr=RFreceive_ADDR;          // 设置 RF 接收模块地址
    }
    basicRfConfig.ackRequest=TRUE;                    // 应答信号
    while（basicRfInit（&basicRfConfig）== FAILED）;// 检测 ZigBee 的参数是
                                                      否配置成功
    basicRfReceiveOn();                               // 打开 RF
}

static void datahandler( )
{
        uint16 len = 0;
        while（1）
```

```
    {
        len = RecvUartData( );                    // 接收串口数据
        if ( len > 0 )
        {
                                                    // 把串口数据通过 ZigBee 发送出去
            basicRfSendPacket ( RFsend_ADDR, uRxData, len );
            halLedToggle ( 2 );
        }
        if ( basicRfPacketIsReady( ) )            // 查询有没有收到无线信号
        {
            halLedToggle ( 2 );
                                                    // 接收无线数据
            len = basicRfReceive ( pRxData, MAX_RECV_BUF_LEN, NULL );
                                                    // 将接收到的无线数据发送到串口
            halUartWrite ( pRxData, len );
        }
    }
}
void main ( void )
{
    APP_MODES = NONE;                            // 设置发送或接收端
    // Initalise board peripherals
    halBoardInit( );
    // Config basicRF
    ConfigRf_Init( );
    halUartInit ( 38400 );                        // 串口初始化, 并设置通信波特率
    // Indicate that device is powered

    halMcuWaitMs ( 350 );
    datahandler( );
}
```

5.3.3　下载与操作

1. 给发射和接收模块下载程序

（1）在"uartRF.c"的主函数中找到"APP_MODES = NONE；"代码，并把它注释掉，在其下一行添加"APP_MODES = A_POINT；"代码，将 basicRfSendPacket( ) 发送函数的地址参数设置为"RFreceive_ADDR"。编译程序，无误后下载到 A 模块中。

（2）在"uartRF.c"的主函数中找到"APP_MODES = NONE；"代码，将其修改为"APP_MODES = B_POINT；"代码，将 basicRfSendPacket( ) 发送函数的地址参数设置为"RFsend_ADDR"。编译程序，无误后下载到 B 模块中。

基于 BasicRF 点对点串口聊天实验步骤

2. 操作

将模块 A 通过串口与 PC 机 A 连接，在 PC 机 A 上打开串口助手软件；将模块 B 通过串口与 PC 机 B 连接，在 PC 机 B 上打开串口助手软件。设置两台 PC 机上串口助手的串口号及波特率等参数（与 A、B 模块程序设置一致），打开串口，如图 5-1 所示。

在两台 PC 机的串口助手发送框中输入文字，然后单击"发送"按钮，观察接收窗口。

图 5-1　串口助手界面

5.4　课程思政

思政元素：如何防范电信诈骗。通过思政元素强化学生安全教育。

电信诈骗属于诈骗手段的一种，是以非法占有为目的，用虚构事实或者隐瞒真相的方法，骗取数额较大的公私财物的行为。其形式是多种多样的，应当从以下几点加以防范：

（1）注意避免个人资料外泄，对不熟悉的金融业务尽量不要在 ATM 机上操作，应到柜面直接办理。切勿相信"银行账户涉及犯罪"等谎言。

（2）不要轻信陌生电话和短信。当接到疑似诈骗电话或短信时，要注意核实对方身份，尤其是对方要求向指定账户汇款时，不要轻易汇款，应第一时间告知家属商量解决或咨询公安机关；公安部门不可能提供安全账户，更不会指导你转账、设密码。

（3）接到陌生电话、短信或不良信息，要主动向属地公安机关或电信监管部门举报。

作为学生遇到的诈骗，都是以骗取钱财为目的，要么是以高额收益为诱饵，要么是以家人受到伤害急需救治为手段，或者以保护个人隐私为借口，无论遇到哪种形式，我们都要看好自己的钱袋子，要相信老师、相信警察、相信政府。

只要是涉及金钱的，我们要向父母告知实情，向老师征求意见，必要时主动向警察求助。

5.5　小结

本部分主要实现了以 BasicRF 无线点对点传输协议为基础，通过串口收发数据以及无线收发数据。通过本章讲解使学生进一步了解 BasicRF 层的工作机制，掌握串口的使用。

第6章

基于 BasicRF 的无线传感网构建

6.1　任务描述

基于 BasicRF 的无线
传感网络构建代码解析

以 BasicRF 无线点对点传输协议为基础，进行传感器数据的采集，分别采集开关量数据和模拟量数据。采用 3 个 ZigBee 模块，节点 A 作为协调器使用，负责收集节点 B 和节点 C 的数据，同时将收集的数据通过串口发送给 PC 机，PC 机可通过串口助手软件查看接收到的传感器数据；节点 B 收集开关量传感器数据并无线发送给节点 A；节点 C 收集模拟量传感器数据并无线发送给节点 A。本应用任务可拓展为 N 个节点。

6.2　知识讲解

6.2.1　开关量传感器

开关量传感器，即传感器发出的信号是断点信号，该物理量只有两种状态，比如液位开关就是一种常见的开关量传感器。当液位低于设定值时，液位开关断开（或闭合）；当液位高于设定值时，液位开关闭合（或断开）。

常见的开关量传感器有：触点开关、接近传感器、人体红外传感器、红外对射传感器、火焰传感器、声音传感器等。

对控制系统来说，由于 CPU 是二进制的，数据的每位有"0"和"1"两种状态，因此，开关量只要用 CPU 内部的一位即可表示，比如，用"0"表示开，用"1"表示关。

在单片机 CC2530 开发中，通过 I/O 口采集传感器的数据，如传感器没有采集到数据时，引脚状态为高电平，传感器采集到数据时，引脚为低电平。

根据此原理，我们在本任务中通过按键模拟开关量传感器的数据采集，只不过传感器是自动采集数据，此任务是手动模拟，原理是一致的。

在 TI 提供的点对点通信工程模板中，按键引脚设置在 hal_board.h 文件中，如下所示：

```
// Buttons
#define HAL_BOARD_IO_BTN_1_PORT    0    // Button S1
#define HAL_BOARD_IO_BTN_1_PIN    1
```

按键引脚初始化可在 hal_board..c 文件的 halBoardInit（void）函数中完成，代码如下：

```
// Buttons
    MCU_IO_INPUT（HAL_BOARD_IO_BTN_1_PORT,
HAL_BOARD_IO_BTN_1_PIN，MCU_IO_TRISTATE）;
```

按键引脚初始化也可通过 hal_button.c 文件中的 halButtonInit（void）函数完成，两种代码一致，如下：

```
void halButtonInit（void）
{
    // Button push input
    MCU_IO_INPUT（HAL_BOARD_IO_BTN_1_PORT，HAL_BOARD_IO_
BTN_1_PIN，MCU_IO_TRISTATE）;
}
```

通过 hal_button.c 文件中的 halButtonPushed（void）函数来查看按键是否按下。

在具体的工作中需要根据自己使用设备进行相应配置，可自行编写初始化函数，根据掌握的 CC2530 单片机知识可直接配置寄存器，完成按键引脚初始化，以及通过扫描引脚或通过外部中断方式查看引脚输入状态。例如我们可编写如下函数：

```
uint8 get_swsensor（void）
    {
        P0SEL &= ~（1 <<1）;          // 设置 P0.1 为普通 I/O 口
        P0DIR &= ~（1 <<1）;          // 设置 P0.1 为输入方向
        return P0_1;                  // 返回 P0.1 电平
    }
```

6.2.2　模拟量传感器

CC2530 芯片
ADC 转换

模拟量传感器，即传感器发出的是连续信号，用电压、电流、电阻等表示被测参数的大小。

常见的模拟量传感器有：光照传感器、气体浓度传感器、温度传感器、压力传感器等。

模拟量根据精度，通常需要 8 位到 16 位才能表示一个模拟量。最常见的模拟量是 12 位的，即精度为 2^{-12}，最高精度约为万分之二点五。当然，在实际的控制系统中，模拟量的精度还要受模拟 / 数字转换器和仪表的精度限制，通常不可能达到这么高。

在本任务中，我们通过 CC2530 芯片的 ADC 模块获取片内温度，将节点的片内温度传输给协调器。在实际的工作中可根据具体电路配置 ADC 的相关寄存器。由于 ADC 转换的寄存器配置属于单片机部分知识，在此不做重点讲解。本任务获取片内温度代码如下：

（1）创建 get_adc.h 文件，保存到 "source\components\targets\interface" 文件夹下，并添加到工程的 "hal\interface" 分组下，文件代码如下：

```
#ifndef SIMPLE_adc_H
#define SIMPLE_adc_H
extern    uint16 get_adc（void）;
#endif
```

（2）创建 get_adc.c 文件，保存到 "source\components\common" 文件夹下，并添加到工程的 "hal\common" 分组下，文件代码如下：

```
#include "ioCC2530.h"
#include "hal_defs.h"
#include "hal_types.h"
#include "get_adc.h"


uint16 get_adc（void）
{
    uint32 value；
    ADCIF = 0；   // 清 ADC 中断标志
    // 采用内部参考电压，128 抽取率，获取片内温度，启动 A/D 转换
    ADCCON3 =（0x00 | 0x10 | 0x0E）；
    while（!ADCIF）
    {
        ；   // 等待 A/D 转换结束
    }
    value = ADCL；                      // ADC 转换结果的低位部分存入 value 中
    value |=（（（uint16）ADCH）<< 8）；  // 取得最终转换结果存入 value 中
    value = value * 330；
    value = value >> 15；               // 根据计算公式算出结果值
    return（uint16）value；
}
```

6.2.3 自定义传感器上传数据格式

在无线传感网中，节点上传数据通常按照某种规定的数据格式传输，既可以传输大量信息，也方便在应用层解析数据。在本任务中为了让学习者初步掌握数据传输格式，自定义了简单的传感器上传数据格式，由于本任务未涉及上位机开发，所以在协调器解析数据，通过串口显示相关信息。

上传数据格式如表 6-1 所示。

表 6-1　上传数据格式

HEAD	LEN	ADRL	ADRH	STYPE	SDATA	
1 字节	1 字节	1 字节	1 字节	1 字节	1 字节	1 字节
数据头，固定为 0xFE	数据包长度：从 HEAD 到 SDATA	传输信息源节点的短地址低 8 位	传输信息源节点的短地址高 8 位	传感器类型：01 代表开关量；02 代表模拟量	传感器数据低 8 位	传感器数据高 8 位

6.3　任务实施

6.3.1　工程创建

由于本章所完成的任务所用工程与第 4 章一致，只有应用层文件代码需要编写，所以可参见第 4 章创建工程。也可以复制第 4 章工程，然后修改工作空间和工程名字。修改工作空间和工程名字步骤如下。

第一步：修改工程名称。

将工程文件夹下后缀为 "dep""ewd""ewp""eww" 的四个文件重命名为目标名称。本任务修改为 RFsystem，如图 6-1 所示。

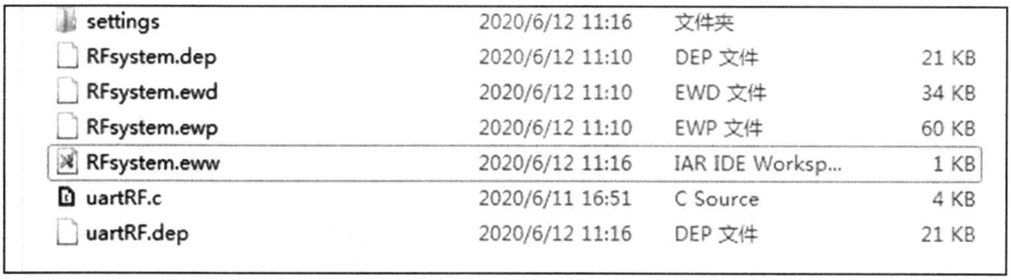

图 6-1　修改工程空间名

第二步：修改工程内容。

用编辑器（记事本或者 UE）打开 "eww" 后缀的文件，修改目的路径的 "RFsystem.ewp" 为目标名称，如图 6-2 所示。

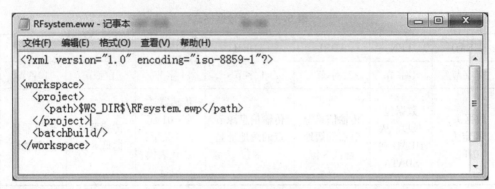

图 6-2　修改路径

6.3.2　添加文件

（1）添加文件：按照本章第二节模拟量传感器部分所讲解的，将 get_adc.h 和 get_adc.c 两个文件添加到工程中。

（2）创建文件：在"基于 BasicRF 的无线传感网络构建 \Project"文件夹下创建三个文件，分别是 Collect.c、Switch_sensor.c、Analog_sensor.c，添加到工程的 App 组下，如图 6-3 所示。

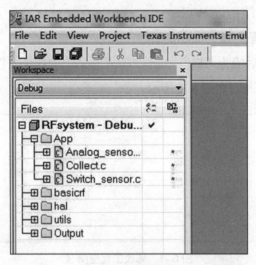

图 6-3　添加文件

6.3.3　编写程序

（1）协调器模块 Collect.c 文件代码：

CC2530 芯片
定时器配置

开关量传感器数
据采集代码编写

模拟量传感器数
据采集代码编写

```c
#include <hal_lcd.h>

#include <hal_led.h>

#include <hal_joystick.h>

#include <hal_assert.h>

#include <hal_board.h>

#include <hal_int.h>

#include "hal_mcu.h"

#include "hal_button.h"

#include "hal_rf.h"

#include "util_lcd.h"

#include "basic_rf.h"

#include "hal_uart.h"


#define MAX_SEND_BUF_LEN    128
#define MAX_RECV_BUF_LEN    128
static uint8 pTxData[MAX_SEND_BUF_LEN];        // 定义无线发送缓冲区的大小
static uint8 pRxData[MAX_RECV_BUF_LEN];        // 定义无线接收缓冲区的大小


#define MAX_UART_SEND_BUF_LEN    128
#define MAX_UART_RECV_BUF_LEN    128
uint8 uTxData[MAX_UART_SEND_BUF_LEN];    // 定义串口发送缓冲区的大小
uint8 uRxData[MAX_UART_RECV_BUF_LEN];    // 定义串口接收缓冲区的大小
static basicRfCfg_t basicRfConfig;
#define RF_CHANNEL    25                         // 2.4 GHz RF channel


// BasicRF address definitions
#define PAN_ID    0x2007
#define Collect_ADDR    0x0001
#define Switch_ADDR    0x0002
```

```
#define Analog_ADDR    0x0003


/************************************************/
// 无线 RF 初始化
void ConfigRf_Init（void）
{
    basicRfConfig.panId        =    PAN_ID;          // ZigBee 的 ID 号设置
    basicRfConfig.channel      =    RF_CHANNEL;      // ZigBee 的频道设置
    basicRfConfig.myAddr       =    Collect_ADDR;    // 设置本机地址
    basicRfConfig.ackRequest   =    TRUE;            // 应答信号
    while（basicRfInit（&basicRfConfig）== FAILED）;  // 检测参数是否配置
                                                      成功
    basicRfReceiveOn();                              // 打开 RF
}

static void datahandler()
{
    uint16 len = 0;
    uint8 data[6]={0};
    while（1）
    {
      if（basicRfPacketIsReady()）  // 查询有没有收到无线信号
      {
          halLedToggle（2）;
          // 接收无线数据
          len = basicRfReceive（pRxData, MAX_RECV_BUF_LEN, NULL）;
          // 接收到的无线数据发送到串口
          if（pRxData[4]==0x01）
          {
```

```
            halUartWrite（"Switch_sensor：", 14）;
            if（pRxData[5]==0x00）
            {
                halUartWrite（"yes\n", 4）;
            }
        }else if（pRxData[4]==0x02）
        {
            data[0]=pRxData[5]/100+0x30;
            data[1]='.';
            data[2]=pRxData[5]%100/10+0x30;
            data[3]=pRxData[5]%10+0x30;
            data[4]='v';
            data[5]='\n';
            halUartWrite（"Analog_sensor：", 14）;
            halUartWrite（data, 6）;
        }
    }
}
}


void main（void）
{
    // Initalise board peripherals
    halBoardInit（）;
    // Config basicRF
    ConfigRf_Init（）;
    halUartInit（38400）;   // 串口初始化，并设置通信波特率
    halMcuWaitMs（350）;
    datahandler（）;
}
```

（2）开关量模块 Switch_sensor.c 文件代码：

```c
#include <hal_lcd.h>

#include <hal_led.h>

#include <hal_joystick.h>

#include <hal_assert.h>

#include <hal_board.h>

#include <hal_int.h>

#include "hal_mcu.h"

#include "hal_button.h"

#include "hal_rf.h"

#include "util_lcd.h"

#include "basic_rf.h"

#include "hal_uart.h"


#define MAX_SEND_BUF_LEN    128

#define MAX_RECV_BUF_LEN    128

static uint8 pTxData[MAX_SEND_BUF_LEN];             // 定义无线发送缓冲区的大小

static uint8 pRxData[MAX_RECV_BUF_LEN];             // 定义无线接收缓冲区的大小


#define MAX_UART_SEND_BUF_LEN    128

#define MAX_UART_RECV_BUF_LEN    128

uint8 uTxData[MAX_UART_SEND_BUF_LEN];              // 定义串口发送缓冲区的大小

uint8 uRxData[MAX_UART_RECV_BUF_LEN];              // 定义串口接收缓冲区的大小


static basicRfCfg_t basicRfConfig;


#define RF_CHANNEL   25                            // 2.4 GHz RF channel


// BasicRF address definitions
```

```
#define PAN_ID    0x2007
#define Collect_ADDR    0x0001
#define Switch_ADDR    0x0002
#define Analog_ADDR    0x0003


// 无线 RF 初始化
void ConfigRf_Init（void）
{
    basicRfConfig.panId=PAN_ID;                    // ZigBee 的 ID 号设置
    basicRfConfig.channel=RF_CHANNEL;              // ZigBee 的频道设置
    basicRfConfig.myAddr=Switch_ADDR;              // 设置本机地址
    basicRfConfig.ackRequest=TRUE;                 // 应答信号
    while（basicRfInit（&basicRfConfig）== FAILED）;
                                                   // 检测参数是否配置成功
    basicRfReceiveOn();                            // 打开 RF
}


static void datahandler()
{
        pTxData[0]=0xFE;
        pTxData[1]=0x07;
        pTxData[2]=0x02;
        pTxData[3]=0x00;
        pTxData[4]=0x01;
        pTxData[5]=0xEE;
        pTxData[6]=0xEE;
        while（1）
        {
          if（halButtonPushed()==0）
```

```
        {
                halMcuWaitMs（100）;
                if（halButtonPushed( )==0） // 由于是按键模拟，所以消除抖动
                {   pTxData[5]=0x00;           // 00 代表采集到数据，否则不发送数据
                    basicRfSendPacket（Collect_ADDR，pTxData，7）;
                    halUartWrite（pTxData，7）;
                    pTxData[5]=0xEE;           // 清除数据信息
                    halLedToggle（2）;
                }
            }
        }
    }

    void main（void）
    {
        // Initalise board peripherals
        halBoardInit( );
        // Config basicRF
        ConfigRf_Init( );
        halUartInit（38400）;  // 串口初始化，并设置通信波特率
        halMcuWaitMs（350）;
        datahandler( );
    }
```

（3）模拟量模块 Analog_sensor.c 文件代码：

```
#include <hal_lcd.h>
#include <hal_led.h>
#include <hal_joystick.h>
```

```
#include <hal_assert.h>

#include <hal_board.h>

#include <hal_int.h>

#include "hal_mcu.h"

#include "hal_button.h"

#include "hal_rf.h"

#include "util_lcd.h"

#include "basic_rf.h"

#include "hal_uart.h"

#include "get_adc.h"


#define MAX_SEND_BUF_LEN    128

#define MAX_RECV_BUF_LEN    128

static uint8 pTxData[MAX_SEND_BUF_LEN];       // 定义无线发送缓冲区的大小

static uint8 pRxData[MAX_RECV_BUF_LEN];       // 定义无线接收缓冲区的大小


#define MAX_UART_SEND_BUF_LEN    128

#define MAX_UART_RECV_BUF_LEN    128

uint8 uTxData[MAX_UART_SEND_BUF_LEN];     // 定义串口发送缓冲区的大小

uint8 uRxData[MAX_UART_RECV_BUF_LEN];     // 定义串口接收缓冲区的大小


static basicRfCfg_t basicRfConfig;

#define RF_CHANNEL    25                        // 2.4 GHz RF channel

// BasicRF address definitions

#define PAN_ID    0x2007

#define Collect_ADDR    0x0001

#define Switch_ADDR     0x0002

#define Analog_ADDR     0x0003
```

```
// 无线 RF 初始化
void ConfigRf_Init（void）
{
    basicRfConfig.panId=PAN_ID;                          // ZigBee 的 ID 号设置
    basicRfConfig.channel=RF_CHANNEL;                    // ZigBee 的频道设置
    basicRfConfig.myAddr=Analog_ADDR;                    // 设置本机地址
    basicRfConfig.ackRequest=TRUE;                       // 应答信号
    while（basicRfInit（&basicRfConfig）== FAILED）;
                                                         // 检测参数是否配置成功
    basicRfReceiveOn（）;                                 // 打开 RF
}

static void datahandler（）
{
    uint16 data = 0;
    pTxData[0]=0xFE;
    pTxData[1]=0x07;
    pTxData[2]=0x03;
    pTxData[3]=0x00;
    pTxData[4]=0x02;
    pTxData[5]=0x00;
    pTxData[6]=0x00;
    while（1）
    {
        data = get_adc();        // 采集片内温度
        pTxData[5]=data&0x00ff;
        pTxData[6]=data>>8&0x00ff;
        // 把串口数据通过 ZigBee 发送出去
        basicRfSendPacket（Collect_ADDR，pTxData，7）;
```

```
                halUartWrite（pTxData，7）;

                halLedToggle（2）;

                pTxData[5]=0x00;

                pTxData[6]=0x00;

                halMcuWaitMs（2000）;

            }
    }
    void main（void）
    {
        // Initalise board peripherals
        halBoardInit();
        // Config basicRF
        ConfigRf_Init();
        halUartInit（38400）;    // 串口初始化，并设置通信波特率
        halMcuWaitMs（350）;
        datahandler();
    }
```

6.3.4　建立模块设备

1. 建立协调器模块设备

（1）建立模块设备。选择菜单"Project"→"Edit Configurations"命令，弹出项目的配置对话框，如图 6-4 所示，系统会检测出项目中存在的模块设备。

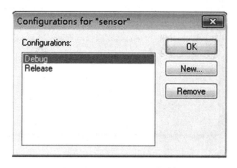

图 6-4　项目配置对话框

单击"New..."按钮，在弹出的对话框中输入模块名称"Collect"，如图 6-5 所示，基于 Debug 模块进行配置，然后单击"OK"按钮就完成了模块设备的建立，然后在项目配置对话框中就可以自动检测出刚才建立的模块设备"Collect"。

图 6-5　协调器模块对话框

（2）文件编译设置。选择"Collect"模块，选择 Switch_sensor.c 文件，单击右键，选择"Options"命令，在弹出的对话框中选中"Exclude from build"复选框，然后单击"OK"按钮，如图 6-6 所示。Analog_sensor.c 文件操作方式相同。

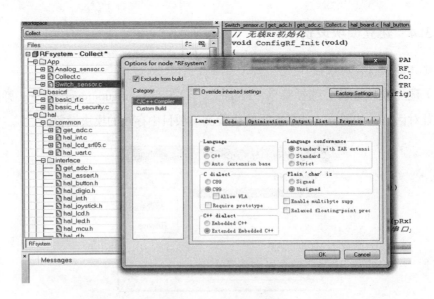

图 6-6　文件编译设置

2. 建立传感器模块设备

开关量和模拟量传感器模块设备操作步骤与建立协调器模块设备一样，模块名称分别为"Switch_sensor"和"Analog_sensor"，具体设置如图 6-7 所示。文件编译设置参照协调器模块设置。

图 6-7　传感器模块设备

6.3.5　下载与操作

基于 BasicRF 的无线
传感网络构建实验步骤

1. 给三个模块下载程序

（1）选择"Collect"模块，编译程序无误后，对模块上电，下载程序到协调器模块中。

（2）选择"Switch_sensor"模块，编译程序无误后，对模块上电，下载程序到开关量模块中。

（3）选择"Analog_sensor"模块，编译程序无误后，对模块上电，下载程序到模拟量模块中。

2. 操作

将开关量模块和模拟量模块上电运行。将协调模块上电并通过串口与 PC 机连接，在 PC 机上打开串口助手软件，设置 PC 机上串口助手的串口号及波特率等参数，打开串口，观察接收数据窗口，我们可以按下开关量模块上的按键，如图 6-8 所示。

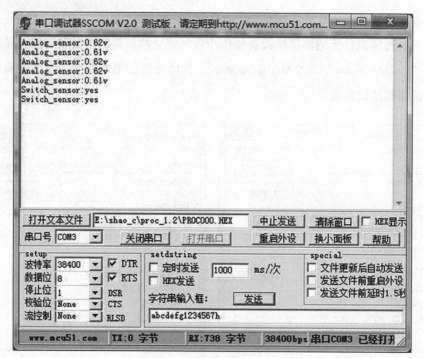

图 6-8 串口助手界面

6.4 课程思政

思政元素：我国传感器行业发展现状。通过思政元素强化学生爱国主义教育。

我国传感器行业发展痛点分析：关键技术有待突破，目前，国内传感器在高精度、高敏感度分析、成分分析和特殊应用等高端方面与国际水平差距较大，传感器芯片市场国有化率不足 10%，中高档传感器产品几乎完全从国外进口，绝大部分芯片依赖国外，国内缺乏对新原理、新器件和新材料传感器的研发和产业化能力。

企业竞争实力不足：一方面，我国的传感器企业虽然数量众多，但大部分都属于中小型企业，且大都面向中低端领域，基础薄弱，研究水平不高，整体规模及效益较差。

另一方面，许多企业都是引用国外的芯片加工，自主创新能力薄弱，自主研发的产品较少，产品结构缺乏合理性，在高端领域几乎没有市场份额。

其次，企业的技术实力较弱，很多是与国外合作或进行二次封装，已经突破的科研成果转化率低，产业发展后劲不足，综合实力较低。

正因此，美国、日本、德国占据全球传感器市场近七成份额，而我国仅占到 10% 左右。

我国的传感器产业如何突破发展瓶颈？

利好政策推动行业快速发展：多项战略性、指导性政策文件，推动我国传感器及物联网产业向着融合化、创新化、生态化、集群化方向加快发展。

下游应用发展迅速，带动传感器需求：传感器应用范围涵盖工业、汽车电子、消费电子、物联网等多个领域，下游应用的蓬勃发展将提高对信息感知的需求，带动传感器的需求增加。

我国传感器朝着"四化"方向发展，有望实现"弯道超车"：传感器系统向着微小型化、智能化、多功能化和网络化的方向发展，我国企业仍有"弯道超车"的机会。

产业集群化发展：我国传感器企业正努力追赶国外企业，并出现了区域性的传感器企业集群。当前传感器的生产企业主要集中在长三角地区，并逐渐形成以北京、上海、南京、深圳、沈阳和西安等中心城市为主的区域空间布局。其中，主要传感器企业有接近一半的比例分布在长三角地区，其他依次为珠三角、京津地区、中部地区及东北地区等。

其中，长三角区域逐渐形成了包括热敏、磁敏、图像、称重、光电、温度、气敏等较为完备的传感器生产体系及产业配套；珠三角区域形成了以热敏、磁敏、称重、超声波为主的传感器产业体系；东北地区主要生产 MEMS 力敏传感器、气敏传感器、湿度传感器；京津区域及中部地区则以产学研紧密结合的模式发展，主要集中于新型传感器的研发创新。

在各种新兴科学技术呈辐射状广泛渗透的当今社会，随着智能时代逐渐到来，作为现代科学"耳目"的传感器，成为人们快速获取、分析和利用有效信息的基础，传感器将变得愈加不可替代。

6.5　小结

本部分主要让学习者深入掌握以 BasicRF 无线点对点传输为基础，搭建无线传感网。通过本章讲解使学生能够完成开关量和模拟量数据的采集和无线传输，完成无线传感网的设置与搭建。

第7章

认知 Z-Stack 协议栈

认知 Z-Stack
协议栈

7.1　任务描述

安装 Z-Stack 协议栈，掌握协议栈体系分层架构、协议栈源码库结构，以及 PANID 和网络信道的修改。

7.2　知识讲解

7.2.1　Z-Stack 协议栈简介

Z-Stack 协议栈是 TI 开发的符合 ZigBee 规范的商用协议，目前该协议栈已经成为 ZigBee 联盟认可并推广指定的软件协议栈。

ZigBee 网络架构由物理层（PHY）、MAC 层、网络层（NWK）、应用程序支持子层（APS）、应用层（APL）组成。IEEE 802.15.4 定义了物理层（PHY）和介质访问层（MAC）技术规范；ZigBee 联盟定义了网络层（NWK）、应用程序支持子层（APS）、应用层（APL）技术规范。Z-Stack 协议栈由 TI 公司开发，具体实现了这 5 个层次。

ZigBee 协议栈就是将各个层定义的协议都集合在一起，以函数的形式实现，并给用户提供 API（应用程序接口），用户可以直接调用。

在开发一个应用时，协议较底下的层与应用是相互独立的，它们可以从第三方来获得，因此我们需要做的就只是在应用层进行相应的改动。

Z-Stack 协议栈由物理层（PHY）、介质访问控制层（MAC）、网络层（NWK）和应用程序支持子层（APS）组成，如图 7-1 所示。其中应用层包括应用程序支持子层、应用程序框架层和 ZDO 设备对象。在协议栈中，上层实现的功能对下层来说是不知道的，上层可以调用下层提供的函数来实现某些功能。

1. 物理层（PHY）

物理层负责将数据通过发射天线发送出去，以及从天线上接收数据。

2. 介质访问控制层（MAC）

介质访问控制层提供点对点通信的数据确认，以及一些用于网络发现和网络形成的命令，但是介质访问控制层不支持多跳、网型网络等拓扑结构。

3. 网络层（NWK）

网络层主要是对网型网络提供支持，如在全网范围内发送广播包，为单播数据包选择路由，确保数据包能够可靠地从一个节点发送到另一个节点。此外，网络层还具有安全特性，用户可以自行选择所需要的安全策略。

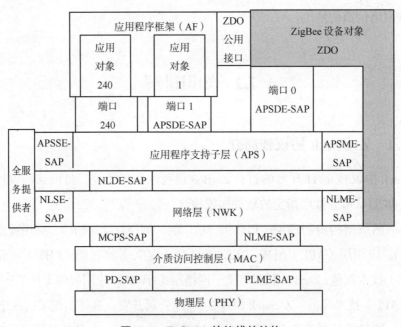

图 7-1 Z-Stack 协议栈的结构

4. 应用层（APS）

（1）应用程序支持子层主要提供一些 API 函数供用户调用，此外，绑定表也是存储在应用程序支持子层。

（2）应用程序框架中包括了最多 240 个应用程序对象，每个应用程序对象运行在不同的端口上。因此，端口的作用是区分不同的应用程序对象。

（3）ZDO 设备对象是运行在端口 0 的应用程序，对整个 ZigBee 设备的配置和管理，用户应用程序可以通过端口 0 与 ZigBee 协议栈的应用程序支持子层、网络层进行通信，从而实现对这些层的初始化工作。

7.2.2　ZigBee 网络信道

IEEE 802.15.4/ZigBee 工作在工业科学医疗（ISM）频段，定义了两个工作频段，即 2.4 GHz 频段和 868/915 MHz 频段。在 IEEE 802.15.4 中，总共分配了 27 个具有 3 种速率的信道：在 2.4 GHz 频段有 16 个速率为 250 kb/s 的信道，在 915 MHz 频段有 10 个 40 kb/s 的信道，在 868 MHz 频段有 1 个 20 kb/s 的信道。具体信道分配如表 7-1 所示。

表 7-1　ZigBee 信道分配

信道编号 （ k 为信道数）	中心频率 /MHz	信道间隔 /MHz	频率上限 /MHz	频率下限 /MHz
$k=0$	868.3		868.6	868.0
$k=1,\ 2,\ 3,\cdots,\ 10$	$906+2\times（k-1）$	2	928.0	902.0
$k=11,\ 12,\ 13,\cdots,\ 26$	$2\ 401+5\times（k-11）$	5	2 483.5	2 400.0

一个 IEEE 802.15.4 可以根据 ISM 频段、可用性、拥挤状况和数据速率在 27 个信道中选择一个工作信道。从能量和成本效率来看，不同的数据速率能为不同的应用提供较好的选择。

注意：ZigBee 工作在 2.4 GHz 频段时，与其他通信协议的信道有冲突：15、20、25、26 信道与 Wi-Fi 信道冲突较小；蓝牙基本不会冲突；无线电话尽量不与 ZigBee 同时使用。

7.2.3　PANID

PANID 的全称是 Personal Area Network ID，一个网络只有一个 PANID，主要用于区分不同的网络，从而允许同一地区可以同时存在多个不同 PANID 的 ZigBee 网络。

Z-Stack 默认的 ZDAPP_CONFIG_PAN_ID 设置为 0xFFFF，这并不是说设备会将 FFFF 作为自己的 NETWORK ID，而是说协调器会随机生成一个 16 位的 NETWORK ID。假如我们将 ZDAPP_CONFIG_PAN_ID 配置为 0x000A，那么协调器会"优先考虑"

将 000A 作为自己的 NETWORK ID。

　　注意：在不同地区或者同一地区不同的信道可以使用同一 PANID。

7.2.4　ZigBee 网络设备类型

　　在 ZigBee 网络中存在三种设备类型：协调器（Coordinator）、路由器（Router）和终端设备（End-Device）。ZigBee 网络中只能有一个协调器，可以有多个路由器和多个终端设备。

　　1. 协调器

　　ZigBee 协调器是启动和配置网络的一种设备。

　　（1）协调器是每个独立的 ZigBee 网络中的核心设备，有唯一一个协调器设备，负责选择一个信道和一个网络 ID（也称 PANID），启动整个 ZigBee 网络。

　　（2）协调器也可以用来协助建立网络中安全层和应用层的绑定。

　　（3）协调器的主要角色是负责建立和配置网络。由于 ZigBee 网络本身的分布特性，一旦 ZigBee 网络建立完成后，整个网络的操作就不再依赖协调器是否存在，与普通的路由器没有什么区别。

　　协调器在通电之后，会进行信道扫描，以便查找附近是否还有别的 ZigBee 网络。如果协调器发现在同一信道中（如 11 信道）有别的 ZigBee 网络存在，那么协调器会检查对方的 NETWORK ID 和自己 ZDAPP_CONFIG_PAN_ID 所配置的 NETWORK ID 是否冲突。假设网络 A 已经存在，它的 NETWORK ID 为 0x1234，协调器 B 在通电之后想要组建网络 B，如果它和网络 A 使用了同一个信道，默认的 ZDAPP_CONFIG_PAN_ID 配置为 0x1234。协调器 B 在检测到网络 A 的存在并获知 A 的 NETWORK ID 和自己默认的 NETWORK ID 一样时，便会放弃 0x1234，转而考虑 0x1235。在发现 0x1235 并未被周围的网络所占用后，协调器 B 便以 0x1235 作为自己的网络标识，组建新的 ZigBee 网络。协调器的这一特性也注定了在一个网络之中有且只有一个协调器。协调器在组建完成网络之后便和普通的路由器没有区别了。

　　2. 路由器

　　ZigBee 路由器是一种支持关联的设备，能够将消息发到其他设备。ZigBee 网络或属性网络可以有多个 ZigBee 路由器。ZigBee 星型网络不支持 ZigBee 路由器。

　　（1）允许其他设备加入网络，多跳路由协助终端设备通信。

　　（2）一般情况下，路由器需要一直处于工作状态，必须使用电力电源供电。但是当使用树型网络拓扑结构时，允许路由器间隔一定的周期操作一次，则路由器可以使用电池供电。

在 ZigBee 网络中，路由器起着非常关键的作用。ZigBee 自组织、自修复、拓扑网络结构等无一不是通过路由来实现的，可以说，路由是 ZigBee 的灵魂。在协调器完成网络组建之后，我们再为一个路由通电，路由的 ZDAPP_CONFIG_PAN_ID 被配置为 0x1235，在这种情况下，该路由只能加入 NETWORK ID 为 0x1235 的网络中。即便是网络中只存在 NETWORK ID 为 0x1234 的网络 A 的设备，该路由也不会加入网络 A 中，它将一直处于网络搜寻状态，直到找到 NETWORK ID 为 0x1235 的网络并加入该网络中。假如网络 B 中已经有了 NETWORK ID 为 0x1235 的一个路由和一个协调器，它们肯定是可以直接通信的，如果把协调器关闭再打开，等它再次组建好网络之后却发现协调器和路由不能通信了，这是为何？我们知道，协调器再次上电之后还是要组建网络的，当它搜寻周围网络环境发现了 NETWORK ID 为 0x1235 的路由时，那么它意识到存在 NETWORK ID 为 0x1235 的网络，它将不会使用 0x1235 作为 NETWORK ID，很可能它组建了 NETWORK ID 为 0x1236 的新网络 C，因此它也就不能和 NETWORK ID 为 0x1235 的路由通信了。

3. 终端设备

ZigBee 终端设备可以执行其相关功能，并使用 ZigBee 网络到达其他需要与之通信的设备，它的存储器容量要求最少，可以用于 ZigBee 低功耗设计。

（1）终端设备是 ZigBee 实现低功耗的核心，它的入网过程和路由器是一样的。终端设备没有维持网络结构的职责，所以它并不是时刻都处在接收状态的，大部分情况下它都将处于 IDLE 或者低功耗休眠模式。因此，它可以由电池供电。

（2）终端设备会定时同自己的父节点进行通信，询问是否有发给自己的消息，这个过程被形象地称为"心跳"。心跳周期也是在 f8wConfig.cfg 里配置的：–DPOLL_RATE=1 000。Z-Stack 默认的心跳周期为 1 000 ms，终端节点每 1 s 会同自己的父节点进行一次通信，处理属于自己的信息。因此，终端的无线传输是有一定延迟的。对于终端节点来说，它在网络中的生命是依赖于自己的父节点的，当终端的父节点由于某种原因失效时，终端能够"感知"到脱离网络，并开始搜索周围 NETWORK ID 相同的路由器或协调器，重新加入网络，并将该设备认作自己新的父节点，保证自身无线数据收发的正常进行。

上述三种设备根据功能完整性可分为全功能（Full Function Device，FFD）和简化功能（Reduced Function Device，RFD）设备。其中全功能设备可作为协调器、路由器和终端设备，而简化功能设备只能用于终端设备。一个全功能设备可与多个 RFD 设备或多个其他 FFD 设备通信，而一个简化功能设备只能与一个 FFD 通信。

7.3 任务实施

7.3.1 Z-Stack 协议栈下载与安装

Z-Stack 协议栈
下载与安装

用户可登录 TI 公司的官方网站下载，也可利用本教材提供的资源 PART7 文件夹中的安装文件，本教材选用 TI 公司推出的 ZStack-CC2530-2.5.1a 版本。

协议栈安装：双击 ZStack-CC2530-2.5.1a.exe 文件，即可进行协议栈的安装，如图 7-2 所示，默认安装到 C 盘根目录下。

图 7-2　Z-Stack 安装

安装本质其实就是解压所有协议栈的代码到本地的某个目录下。安装完成之后，在"C:\Texas Instruments\ZStack-CC2530-2.5.1a"目录下有 4 个文件夹，分别是 Documents、Projects、Tools 和 Components。

1. Documents 文件夹

该文件夹内有很多 PDF 文档，主要是对整个协议栈进行说明，用户可以根据需要进行查阅。

2. Projects 文件夹

该文件夹内包括用于 Z-Stack 功能演示的各个项目的例程，用户可以在这些例程的基础上进行开发。

3. Tools 文件夹

该文件夹内包括 TI 公司提供的一些工具。

4. Components 文件夹

Components 是一个非常重要的文件夹，其内包括 Z-Stack 协议栈的各个功能函数，具体如下：

（1）hal 文件夹。为硬件平台的抽象层。

（2）mac 文件夹。包括 IEEE 802.15.4 物理协议所需要的头文件，TI 公司没有给出这部分的具体源代码，而是以库文件的形式存在。

（3）mt 文件夹。包括 Z-tools 调试功能所需要的源文件。

（4）osal 文件夹。包括操作系统抽象层所需要的文件。

（5）services 文件夹。包括 Z-Stack 提供的两种服务所需要的文件，即寻址服务和数据服务。

（6）stack 文件夹。其是 Components 文件夹最核心的部分，是 ZigBee 协议栈的具体实现部分，在该文件夹下，包括 7 个文件夹，分别是 af（应用程序框架）、nwk（网络层）、sapi（简单应用接口）、sec（安全）、sys（系统头文件）、zcl（ZigBee 簇库）和 zdo（ZigBee 设备对象）。

（7）zmac 文件夹。包括 Z-Stack MAC 导出层文件。

Z-Stack 协议栈分层结构与协议栈代码文件夹的对应关系，如表 7-2 所示。

表 7-2　Z-Stack 协议栈分层结构与协议栈代码文件夹对应表

协议栈体系分层架构	协议栈代码文件夹
物理层（PHY）	硬件层目录（HAL）
介质接入控制子层（MAC）	链路层目录（MAC 和 Zmac）
网络层（NWK）	网络层目录（NWK）
应用程序支持子层（APS）	网络层目录（NWK）
应用程序框架（AF）	配置文件目录（Profile）和应用程序（sapi）
ZigBee 设备对象（ZDO）	设备对象目录（ZDO）

7.3.2 协议栈工程文件架构

在路径"C:\Texas Instruments\ZStack—CC2530—2.5.1a\Projects\zstack\Samples\SampleApp\ CC2530DB"目录下找到 SampleApp.eww 工程，打开该工程后，可以看到 SampleApp.eww 工程文件布局，如图 7-3 所示。

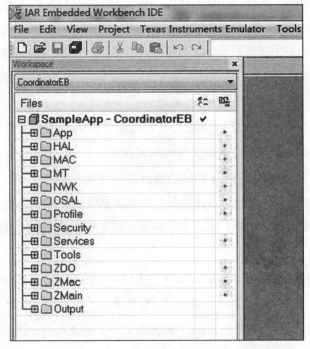

图 7-3   SampleApp.eww 工程文件布局

◆ App：应用层目录，这是用户创建各种不同工程的区域，在这个目录中包含了应用层的内容和这个项目的主要内容，在协议栈里面一般是以操作系统的任务实现的。

◆ HAL：硬件层目录，包含有与硬件相关的配置和驱动及操作函数。

◆ MAC：MAC 层目录，包含了 MAC 层的参数配置文件及其 MAC 层 LIB 库的函数接口文件。

◆ MT：监控调试层，主要用于调试，即实现通过串口调试各层，与各层进行直接交互的功能。

◆ NWK：网络层目录，包含网络层配置参数文件及网络层库的函数接口文件，APS 层库的函数接口。

◆ OSAL：协议栈的操作系统。

◆ Profile：AF 层目录，包含 AF 层处理函数文件。

◆ Security：安全层目录，安全层处理函数接口文件，比如加密函数等。

◆ Services：地址处理函数目录，包括地址模式的定义及地址处理函数。

◆ Tools：工程配置目录，包括空间划分和 Z-Stack 相关的配置信息。

◆ ZDO：ZDO 目录。

◆ ZMac：MAC 层目录，包括 MAC 层参数配置及 MAC 层 LIB 库函数回调处理函数。

◆ ZMain：主函数目录，包括入口函数 main( ) 及硬件配置文件。

◆ Output：输出文件目录层，这个是 EW8051 IDE 自主设计的。

7.3.3　PANID 与信道的设置

1. PANID 设置

打开工程，在 Tools 分组下打开文件 f8wConfig.cfg。

找到语句：–DZDAPP_CONFIG_PAN_ID=0xFFFF。通过修改该值，修改 PANID。

2. 信道设置

打开工程，在 Tools 分组下打开文件 f8wConfig.cfg。

找到语句：–DDEFAULT_CHANLIST=0x00000800　　// 11–0x0B。即默认选择 11 号信道，通过删除、添加注释符选择信道。若选择 12 信道可进行如下操作：

```
–DDEFAULT_CHANLIST=0x00001000      // 12–0x0C
//–DDEFAULT_CHANLIST=0x00000800      // 11–0x0B
```

7.4　课程思政

思政元素：电磁频谱资源现状。通过思政元素强化学生爱国主义教育。

电磁频谱是一种有限资源，随着传统无线业务和新兴无线业务的快速发展，有限的电磁频谱资源最终将会耗尽，电磁频谱需求与电磁频谱资源之间的矛盾日益凸显，对有序、安全地使用电磁频谱提出了严峻挑战。

传统的无线业务，如移动通信、电视、广播等业务所使用的电磁频谱采用固定的独占方式，导致电磁频谱资源的利用很不平衡。在蜂窝移动通信频段，频段变得相当拥挤，频谱资源供不应求。新兴无线业务频谱需求激增加剧了电磁频谱供求矛盾，有限的频谱资源制约了各种新技术的发展和应用，特别是在 4G、物联网、空间卫星、新军事装备等领域面临大量电磁频谱"缺口"。

现有电磁频谱分配情况表明：几乎所有的频谱都已经被授权业务所占用，新兴业务申购占用剩余的可用频段，这不仅显著增加新业务的经济负担，也不利于未来无线业务的可持续发展；更有甚者，有的业务占用非授权频段，这导致非授权频段业务种类繁多，负担过重，业务间彼此干扰和冲突在所难免。

此外，在空间卫星频率方面，目前在轨空间卫星上千颗，给空间卫星频谱资源的有序使用带来巨大挑战。在军事用频方面，军队空间预警系统、宽带数据链、战术互联网等用频装备大量需求越来越大；军事装备间传输的信息也从原来的语音、文字、数据等信息向图像、视频等信息发展，频带越来越宽；同时，以雷达为代表的电子装备要求有更高的精度和抗干扰能力，也要求有更多的频谱资源。由此可见，频谱资源有限与频谱需求激增矛盾限制了无线电新业务的发展，制约赛博空间的发展，为国民经济发展和国家安全带来重大影响。

7.5 小结

本部分主要讲解了 Z-Stack 协议栈的相关概念，如协议栈的分层架构、信道划分、网络设备类型等，通过安装协议栈软件，进一步讲解协议栈工程文件的架构以及相关参数的设置，通过以上全面的讲解，使学习者能清晰地了解协议栈，同时为后续的开发打下坚实的基础。

第8章

Z-Stack 协议栈运行机制详解

8.1　任务描述

掌握 Z-Stack 的运行机制，能完成任务初始化函数的编写；能掌握用户事件处理函数的运行流程；能掌握数据收发函数的使用。

8.2　知识讲解

Z-Stack 协议栈
运行机制详解

Z-Stack 协议栈运
行机制代码解析

8.2.1　Z-Stack 协议栈运行流程

Z-Stack 采用基于一个轮转查询式操作系统，该操作系统命名为 OSAL（Operating System Abstraction Layer），中文为"操作系统抽象层"。Z-Stack 协议栈将底层、网络层等复杂部分屏蔽掉，让程序员通过 API 函数就可以轻松地开发一套 ZigBee 系统。

整个 Z-Stack 的主要工作流程，大致分为系统启动、驱动初始化、OSAL 初始化和启动，进入任务轮循几个阶段。协议栈软件流程如图 8-1 所示。

1. 系统初始化

系统上电后，通过执行 ZMain 文件夹中 ZMain.c 的 int main( ) 函数实现硬件的初始化，其中包括关总中断 osal_int_disable（INTS_ALL）、初始化板上硬件设置 HAL_BOARD_INIT( )、初始化 I/O InitBoard(OB_COLD)、初始化 HAL 层驱动 HalDriverInit( )、初始化非易失性存储器 osal_nv_init（NULL）、初始化 MAC 层 ZMacInit( )、分配 64 位地址 zmain_ext_addr( )、初始化操作系统 osal_init_system( ) 等。硬件初始化需要根据

HAL 文件夹中的 hal_board_cfg.h 文件配置寄存器 8051 的寄存器。TI 官方发布 Z-Stack 的配置针对的是 TI 官方的开发板 CC2530EB 等，如采用其他开发板，则需根据原理图设计改变。

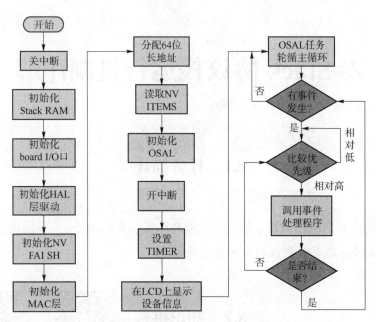

图 8-1　Z-Stack 软件流程图

当顺利完成上述初始化时，执行 osal_start_system( ) 函数开始运行 OSAL 系统。在 Z-Stack 协议栈中，OSAL 负责调度各个任务运行，如果有事件发生，就会调用相应的任务事件处理函数进行处理。osal_start_system( ) 一旦执行，则不再返回 main( ) 函数。

2. OSAL 任务初始化

在运行 OSAL 操作系统之前，主函数中调用了初始化操作系统函数 osal_init_system( )，在该函数中又调用了 void osalInitTasks( ) 函数，该函数对系统的所有任务和事件进行初始化工作。

void osalInitTasks( ) 函数通过调用 osal_mem_alloc( ) 函数给各个任务分配内存空间，在函数中定义了一个初始值为 0 的变量 taskID 作为任务编号，并以此为参数，调用各个任务的初始化子函数。每初始化一个任务 taskID 便加一。在 TI 官方版本 Z-Stack 协议栈中，定义了 8 个系统任务，并在其后初始化一个用户任务 SamlpeApp，SampleApp_Init（D taskID）是这个任务的初始化函数，该函数在 SampleApp .c 文件中实现。

我们可以在该任务后面，继续定义其他新的用户任务并进行初始化。osalInitTasks( ) 中的任务初始化子函数的排列顺序必须要与 tasksArr［ ］中的元素排列顺序一一对应。

3. 事件处理函数

在 OSAL_SampleApp .c 文件中有如下代码：const pTaskEventHandlerFn tasksArr［ ］, 每个元素都是函数的地址（用函数名表示函数的地址），即该数组的元素都是事件处理函数的函数名，如 MAC 层服务 macEventLoop、用户服务 SampleApp_ProcessEvent 等。SampleApp_ProcessEvent 就是"通用应用任务事件处理函数名"，该函数在 SampleApp.c 文件中被定义了。函数 SampleApp_ProcessEvent 是官方模板给我们提供的用户事件处理函数范例。再次强调，tasksArr［ ］中的元素的排列顺序必须要与 osalInitTasks( ) 中的任务初始化子函数排列顺序一一对应。

4. 任务轮循

在主函数中最后执行的是 osal_start_system( ) 函数，当该函数开始执行，即开始运行 OSAL 系统，其本质是调用函数 osal_run_system（void），通过代码我们可以看到该函数是一个死循环，即上文所讲 osal_start_system( ) 一旦执行，则不再返回 main( ) 函数。如下所示：

Z-Stack 协议栈运行机制代码解析

```
void osal_start_system（void）
{
#if !defined（ZBIT）&& !defined（UBIT）
  for（;;）  // Forever Loop
#endif
  {
    osal_run_system（）;
  }
}
```

那么我们的关注重点就放到了函数 osal_run_system( ) 上，下面我们重点讲解该函数，即任务轮循。该函数源代码如下：

```
void osal_run_system（void）
{
  uint8 idx = 0;                    //初始化查询任务编号
```

```
        osalTimeUpdate();              // 更新系统时钟
        Hal_ProcessPoll();             // 查看硬件事件
        do {
            if ( tasksEvents[idx] )    // 查看当前任务是否有事件发生
            {
                break;
            }
        } while ( ++idx < tasksCnt );  // 查询的数量小于任务总数
        if ( idx < tasksCnt )
        {
            uint16 events;
            halIntState_t intState;
            HAL_ENTER_CRITICAL_SECTION ( intState );    /* 保存当前总中断值并关
                                                           闭总中断 */
            events = tasksEvents[idx];                   // 读取当前任务对应的事件
                                                           表的值
            tasksEvents[idx] = 0;                        // 清除当前任务对应事件表
                                                           的值
            HAL_EXIT_CRITICAL_SECTION ( intState );      // 恢复先前的中断状态
            activeTaskID = idx;                          // 保存当前任务 ID 号
            events = ( tasksArr[idx] ) ( idx, events );  /* 调用相对应的任务事件处理函数,
                                                            每次调用只处理一个事件, 若一
                                                            个任务有多个事件响应, 则把返
                                                            回未处理的任务事件添加到当前
                                                            任务中再进行处理 */
            activeTaskID = TASK_NO_TASK;
            HAL_ENTER_CRITICAL_SECTION ( intState );
            tasksEvents[idx] |= events;   // 将未处理的事件添加回当前任务
            HAL_EXIT_CRITICAL_SECTION ( intState );
        }    }
```

通过上述代码的注释，我们可以清楚地看到代码的主要工作是轮询 tasksEvents[idx] 是否有值，不判断为何值，若有值则执行数组 tasksArr[idx] 所对应的事件处理函数，传入参数为当前的任务号以及事件值。

在上述代码中出现了三个非常重要的变量，三者的关系如图 8-2 所示。

◆ tasksCnt：这是一个字节类型的变量，保存了任务的总数量。

◆ tasksEvents：这是一个指针，指向了事件列表的首地址。

◆ tasksArr：这是一个数组名，元素是函数指针，指向事件处理函数表。

当某一事件发生时，则查找函数表找到对应的事件处理函数。事件表与函数的关系如图 8-2 所示。

图 8-2　任务总数、事件表和事件处理函数的关系

8.2.2　事件和消息

Z-Stack 协议栈事件和消息

1. 事件

ZigBee 协议栈是由各个层组成的，每一层都要处理各种事件，所以就为每一层定义了一个事件处理函数，可以把这个处理函数理解为任务，任务从消息队列中提取消息，从消息中提取所发生的具体事件，调用相应的具体事件处理函数，比如按键处理函数等。

在 ZigBee 协议栈中，事件可以是用户定义的事件，也可以是协议栈内部已经定义的事件，SYS_EVENT_MSG 就是协议栈内部定义的事件之一，SYS_EVENT_MSG 定义如下：

#defineSYS_EVENT_MSG　0x8000

由协议栈定的事件为系统强制事件（Mandatory Events），SYS_EVENT_MSG 是一个事件集合，主要包括以下几个事件：

（1）AF_INCOMING_MSG_CMD：表示收到了一个新的无线数据事件。

（2）ZDO_STATE_CHANGE：表示当网络状态发生变化时，会产生该事件。如节点加入网络时，该事件就有效，还可以进一步判断加入的设备是协调器、路由器还是终端。

（3）KEY_CHANGE：表示按键事件。

（4）ZDO_CB_MSG：表示每一个注册的 ZDO 响应消息。

（5）AF_DATA_CONFIRM_CMD：调用 AF_DataRequest( ) 发送数据时，有时需要确认信息，该事件与此有关。

事件变量是 16 位的二进制变量（uint16 占 2 个字节）。如：在 ZComDef.h 文件中，定义无线新数据接收事件 AF_INCOMING_MSG_CMD 为 0x1A；MT.h 文件中，定义串口接收事件 CMD_SERIAL_MSG 为 0x01。不同的任务，事件值可以相同，例如：tasksEvents[0]=0x01，tasksEvents[1]=0x01，这都是可行的，但表示的意义不同，前者表示第 1 个任务的事件为 0x01，后者表示第 2 个任务的事件为 0x01。一个 OSAL 任务除了强制事件之外还可以定义 15 个事件。

2. 消息

消息是收到的事件和数据的一个封装，比如发生了一个事件（收到别的节点发的消息），这时就会把这个事件所对应的事件号及收到的数据封装成消息，放入消息队列中。

OSAL 消息队列：通常某些事件的发生，又伴随着一些附加数据的产生，这就需要将事件和数据封装成一个消息，将消息发送到消息队列中，然后使用 osal_msg_receive（SampleApp_TaskID）函数从消息队列中得到消息。

OSAL 维护一个消息队列，每个消息都会被放入该消息队列中，每个消息都包括一个消息头 osal_msg_hdr_t 和用户自定义的消息。在 OSAL.h 中 osal_msg_hdr_t 结构体的定义为：

```
typedef struct
{    void    *next;
    uint16  len;
    uint8   dest_id;
} osal_msg_hdr_t;
```

8.2.3 单播、组播与广播

ZigBee 网络中进行数据通信主要有三种方式：单播、组播、广播。

单播、组播与广播

单播即数据包只发送给一个设备；组播即将传送数据包发送给一组设备；而广播数据包则要发送给整个网络的所有节点。无论哪种数据发送模式，必须有发送地址模式参数。

在 AF.h 文件中定义了结构体 afAddrType_t，通过配置该结构体变量的参数来设置发送地址模式参数。

```
typedef struct
{
  union
  {
    uint16    shortAddr;        // 用于标识该节点网络地址的变量
    ZLongAddr_t  extAddr;
  } addr;
  afAddrMode_t addrMode；   // 用于指定数据传送模式，是单播、组播还是广播
  uint8 endPoint;
  uint16 panId;
} afAddrType_t;
```

在上述结构体中成员 addrMode 的值为枚举类型，如下所示：

```
typedef enum
{
  afAddrNotPresent=AddrNotPresent，      // 表示通过绑定关系指定目的地址
  afAddr16Bit=Addr16Bit,              // 短地址单播发送
  afAddr64Bit=Addr64Bit,              // 长地址单播发送
  afAddrGroup=AddrGroup,              // 组播
  afAddrBroadcast =AddrBroadcast      // 广播
} afAddrMode_t;
```

1. 单播

直接指定目标地址的单播传输：是标准寻址模式，它将数据包发送给一个已经知道网络地址的网络设备，将 afAddrMode 设置为 Addr16Bit，并且在数据包中携带目标

设备地址。协调器地址是 0x0000。

afAddrType_t my_DstAddr;

my_DstAddr.addrMode=（afAddrMode_t）Addr16Bit;　　// 单播发送

my_DstAddr.endPoint= SAMPLEAPP_ENDPOINT;　　　　// 目的端口号

my_DstAddr.addr.shortAddr=0x0000;　　　　　　　　// 目标设备网络地址

2. 组播

当应用程序需要将数据包发送给网络上的一组设备时，使用该模式。地址模式设置为 afAddrGroup，并且 addr.shortAddr 设置为组 ID。使用组播的方式需要加入特定的组，并要定义 afAddrType_t 类型变量 SampleApp_Flash_DstAddr。

（1）首先声明一个组对象 aps_Group_t SampleApp_Group;

aps_Group_t 结构体的定义:

```
typedef struct
{
    uint16 ID;                         // Unique to this table
    uint8   name[APS_GROUP_NAME_LEN];
} aps_Group_t;
```

每个组有个特定的 ID 和组名，组名存放在 name 数组中。

（2）对 SampleApp_Group 赋值:

SampleApp_Group.ID = 0x0001;

osal_memcpy（SampleApp_Group.name，"Group 1"，7）;

（3）在本任务里将端点加入组中:

aps_AddGroup（SAMPLEAPP_ENDPOINT，&SampleApp_Group）;

（4）设定通信的目标地址及模式:

SampleApp_Flash_DstAddr.addrMode =（afAddrMode_t）afAddrGroup;

SampleApp_Flash_DstAddr.endPoint = SAMPLEAPP_ENDPOINT;

SampleApp_Flash_DstAddr.addr.shortAddr = SampleApp_Group.ID;

通信时，发送设备的输出 cluster 设定为接收设备的输入 cluster，另外 profileID 设定相同，即可通信。

（5）若要把一个设备加入组中的端点从组中移除，可调用 aps_RemoveGroup:

```
    aps_Group_t *grp;
    grp = aps_FindGroup（SAMPLEAPP_ENDPOINT，SAMPLEAPP_FLASH_
GROUP）;
    if（grp）
    {
      // Remove from the group
      aps_RemoveGroup（SAMPLEAPP_ENDPOINT，SAMPLEAPP_FLASH_
GROUP）;
    }
```

注意：组可以用来关联间接寻址。在绑定表中找到的目标地址可能是单点传送或者是一个组地址。另外，广播发送可以看作是一个组寻址的特例。

3. 广播

当应用程序需要将数据包发送给网络的每一个设备时，使用这种模式。地址模式设置为 AddrBroadcast，并定义 afAddrType_t 类型变量 SampleApp_Periodic_DstAddr。

目标地址 SampleApp_Periodic_DstAddr.addr.shortAddr 可以根据需求设置为下面广播地址的一种：

（1）NWK_BROADCAST_SHORTADDR_DEVALL（0xFFFF）——数据包将被传送到网络上的所有设备，包括睡眠中的设备。对于睡眠中的设备，数据包将被保留在其父节点直到查询到它，或者消息超时（NWK_INDIRECT_MSG_TIMEOUT 在 f8wConifg. cfg 中）。

（2）NWK_BROADCAST_SHORTADDR_DEVRXON（0xFFFD）——数据包将被传送到网络上所有在空闲时打开接收的设备（RXONWHENIDLE），也就是说，除了睡眠中的所有设备。

（3）NWK_BROADCAST_SHORTADDR_DEVZCZR（0xFFFC）——数据包发送给所有的路由器，包括协调器。

SampleApp_Periodic_DstAddr.addrMode =（afAddrMode_t）AddrBroadcast;

SampleApp_Periodic_DstAddr.endPoint = SAMPLEAPP_ENDPOINT;

SampleApp_Periodic_DstAddr.addr.shortAddr = 0xFFFF;

8.2.4　SampleApp_Init（）函数解析

在 TI 官方版本的 Z-Stack 协议栈中，定义好了一个用户任务 SampleApp，这个任务的初始化子函数是 SampleApp_Init( )。开发人员在进行应用开发的时候，可能需要对 SampleApp_Init( ) 进行修改，或者添加新的任务，编写新的任务初始化子函数。不管是哪种情况，你都要明确在任务初始化中需要做些什么工作，怎么通过代码来实现这些工作。通过深入剖析 SampleApp_Init( ) 函数，搞清楚任务初始化的程序流程，才能更好地进行开发工作。

SampleApp_Init( ) 函数最关键部分的代码如下：

```
void SampleApp_Init（uint8 task_id）
{
    SampleApp_TaskID = task_id;          // 初始化任务编号，即任务优先级
    SampleApp_NwkState = DEV_INIT;       // 设备状态初始化
    SampleApp_TransID = 0;               // 将发送数据包的序列号初始化为 0

    // 广播发送模式设置
    SampleApp_Periodic_DstAddr.addrMode =（afAddrMode_t）AddrBroadcast;
    SampleApp_Periodic_DstAddr.endPoint = SAMPLEAPP_ENDPOINT;
    SampleApp_Periodic_DstAddr.addr.shortAddr = 0xFFFF;

    // 组播发送模式设置
    SampleApp_Flash_DstAddr.addrMode =（afAddrMode_t）afAddrGroup;
    SampleApp_Flash_DstAddr.endPoint = SAMPLEAPP_ENDPOINT;
    SampleApp_Flash_DstAddr.addr.shortAddr = SAMPLEAPP_FLASH_GROUP;

    // 对节点描述符进行初始化，初始化格式较为固定，一般不需要修改
    // 端点号为 1~40，由用户定义
    SampleApp_epDesc.endPoint = SAMPLEAPP_ENDPOINT;
    // 任务编号的指针，指向消息传递的地址
```

```
        SampleApp_epDesc.task_id = &SampleApp_TaskID;
        // 指向端点简单描述符的指针
        SampleApp_epDesc.simpleDesc
                = ( SimpleDescriptionFormat_t * ) &SampleApp_SimpleDesc;
         // 必须用 noLatencyReqs 来填充
        SampleApp_epDesc.latencyReq = noLatencyReqs;

        // 使用 afRegister() 函数将节点描述符进行注册，只有注册后 OSAL 才能提供服务
        afRegister ( &SampleApp_epDesc );

        // 对按键事件进行注册
        RegisterForKeys ( SampleApp_TaskID );

        // 设置组播的组号和组名，并将端点加入组中
        SampleApp_Group.ID = 0x0001;
        osal_memcpy ( SampleApp_Group.name, "Group 1", 7 );
        aps_AddGroup ( SAMPLEAPP_ENDPOINT, &SampleApp_Group );
    }
```

大部分代码已通过注释的方式进行功能说明。在 ZigBee 协议中每个设备都被看作一个端点（endPiont），每个节点都有物理地址（长地址）和网络地址（短地址），长地址或短地址用来作为其他节点发送数据的目的地址。端点（endPiont）是协议栈应用层的入口，即入口地址，也可以理解应用对象存在的地方，它是为实现一个设备描述而定义的一组群集。端点 0 预留，用于整个 ZigBee 设备的配置和管理，端点 255 用于向所有的端点进行广播，端点 1~240 被应用层分配，每个端点是可寻址的。

每一个端点的实现由端点描述符来完成，由结构体 afAddrType_t 来实现，在端点描述符中又包含了一个简单描述符 SimpleDescriptionFormat_t，端点的简单描述符结构体在 AF.h 文件中定义。每一个端点必有一个 ZigBee 简单描述符，其他设备通过查询这个端点的简单描述符来获得设备的一些信息。

在端点配置成功后，需要调用 afRegister() 函数在 AF 层注册端点，这个函数在

AF.c 文件中定义，其功能是，在应用层中将一个新的端点注册到 AF 层。

端点的主要作用可以总结为两个方面：

（1）数据发送和接收：当一个设备发送数据时，必须指定发送目的节点的长地址或短地址以及端点来进行数据的发送和接收，并且发送方和接收方所使用的端点号必须一致。

（2）设备绑定：如果设备之间需要绑定，那么在 ZigBee 的网络层必须注册一个或者多个端点来进行数据的发送和接收以及绑定表的建立。

8.2.5 SampleApp_ProcessEvent ( ) 函数解析

这个函数是用户自定义任务 SampleApp 的事件处理函数，其总体功能是：首先调用 osal_msg_receive（SampleApp_TaskID）函数从消息队列中接收一个消息（消息包括事件和相关的数据），然后使用 if 语句或 switch-case 语句判断事件类型，从而调用相应的事件处理函数。

所有任务的事件处理函数代码的设计思路和执行流程基本差不多，我们通过了解 SampleApp_ProcessEvent( ) 这个函数的程序结构和设计思路，举一反三，学会事件处理函数的程序设计方法。SampleApp_ProcessEvent( ) 函数代码如下：

```
uint16 SampleApp_ProcessEvent（uint8 task_id，uint16 events）
{
    afIncomingMSGPacket_t *MSGpkt;    //定义消息结构体指针变量
    if（events & SYS_EVENT_MSG）      //判断是否为系统强制事件
    {
        //从消息队列接收消息
    MSGpkt =（afIncomingMSGPacket_t *）osal_msg_receive（SampleApp_TaskID）;
        while（MSGpkt）                //如果有消息
        {
            switch（MSGpkt → hdr.event）  //判断事件
            {
                //处理按键事件
            case KEY_CHANGE:
```

```
            SampleApp_HandleKeys ((( keyChange_t * ) MSGpkt )    → state,
((( keyChange_t * ) MSGpkt ) → keys );
            break;
        // 处理收到无线数据事件
        case AF_INCOMING_MSG_CMD:
            SampleApp_MessageMSGCB ( MSGpkt );
            break;


        // 处理网络状态发生改变事件
        case ZDO_STATE_CHANGE:
            SampleApp_NwkState = ( devStates_t ) ( MSGpkt → hdr.status );
            if ((( SampleApp_NwkState == DEV_ZB_COORD )
                 || ( SampleApp_NwkState == DEV_ROUTER )
                 || ( SampleApp_NwkState == DEV_END_DEVICE )))
            {
                // 添加定期发送消息事件到本任务
                osal_start_timerEx ( SampleApp_TaskID,
SAMPLEAPP_SEND_PERIODIC_MSG_EVT,
SAMPLEAPP_SEND_PERIODIC_MSG_TIMEOUT );
            }
            else
            {
                // Device is no longer in the network
            }
            break;

        default:
            break;
    }
```

```
                // 释放已接收消息所占空间
                osal_msg_deallocate ((uint8 *) MSGpkt);


                // 接收当前任务的下一个消息
                MSGpkt = (afIncomingMSGPacket_t *) osal_msg_receive (SampleApp_TaskID);
            }


            // 返回未处理的事件
            return (events ^ SYS_EVENT_MSG);

        }

    // 判断是否有周期性事件
     if (events & SAMPLEAPP_SEND_PERIODIC_MSG_EVT)
    {
        // Send the periodic message
        SampleApp_SendPeriodicMessage();
        // 添加定期发送消息事件到本任务
        osal_start_timerEx (SampleApp_TaskID, SAMPLEAPP_SEND_PERIODIC_MSG_EVT,
            (SAMPLEAPP_SEND_PERIODIC_MSG_TIMEOUT + (osal_rand()& 0x00FF)));


        // 返回未处理的事件
        return (events ^ SAMPLEAPP_SEND_PERIODIC_MSG_EVT);

    }
    // Discard unknown events
    return 0;

    }
```

首先调用 osal_msg_receive(SampleApp_TaskID) 函数从消息队列中接收一个消息,存放在变量 MSGpkt 中,消息包括事件和相关的数据。同一个任务可能发生了多个事件。在函数中，先用 if 语句对事件变量 events 进行判断，SYS_EVENT_MSG 是一个事件集合，所以还要通过 switch-case 语句进行不同事件的再次判断，当事件处理完毕，再从消息队列中接收有效消息，然后再返回 while（MSGpkt）重新处理事件，直到没有等待消息为止。当一个事件处理完毕之后，需要通过异或运算，清除已处理完的事件，留下未处理的事件，并将未处理的事件返回给事件变量 events。

8.2.6　数据收发函数解析

Z-Stack 协议栈数据的发送和接收是通过定义在 AF 层的数据发送和接收 API 来实现的。

1. 数据发送函数 AF_DataRequest( )

在事件处理函数 SampleApp_ProcessEvent( ) 里面，有一个事件 SAMPLEAPP_SEND_PERIODIC_MSG_EVT，该事件由 osal_start_timerEx( ) 函数经过参数设定的时间向参数设定的任务产生的。在这个事件的处理过程中，调用了数据发送函数。

数据的发送，只要调用在 AF.c 文件中定义的 AF_DataRequest( ) 数据发送函数即可实现。数据包被发送到一个注册过的端点，函数原型如下：

```
afStatus_t AF_DataRequest（afAddrType_t *dstAddr,      // 指向发送目的地址指针
                          endPointDesc_t *srcEP,      // 指向目的端点的端点描述符指针
                          uint16 cID,                 // 指定的有效群集 ID
                          uint16 len,                 // 发送字节长度
                          uint8 *buf,                 // 发送数据缓存的地址
                          uint8 *transID,             // 数据发送序列号指针
                          uint8 options,              // 发送选项
                          uint8 radius）              // 最大跳数半径，通常设置为默认
```

2. 数据接收函数 SampleApp_MessageMSGCB( )

在应用层通过 OSAL 事件处理函数中的接收信息事件 AF_INCOMING_MSG_CMD 来处理数据的接收。数据的接收是通过结构体 afIncomingMSGPacket_t 来进行的，这个结构体的定义在 AF.h 文件中。数据的接收过程是通过 afIncomingMSGPacket_t 结构体中的 clusterId 来判断是否为所需要接收的数据，如果是需要接收的数据，那么就做进一步的分析和处理。数据在 pkt → cmd.Data 数组中。

8.2.7　其他几个重要 API 解析

ZigBee 协议栈支持多任务运行，那么任务间同步、互斥等都需要相应的 API（应用编程接口，Application Programming Interface）来支持。**重要 API 解析** 总体来说，OSAL 提供了 8 个方面的 API，它们分别是消息管理、任务同步、时间管理、中断管理、任务管理、内存管理、电源管理和非易失性闪存管理。由于 API 函数很多，下面只选取部分经典的 API 进行介绍。

1. 消息管理 API

消息管理有关的 API 主要用于处理任务间消息的交换，主要包括为任务分配消息缓存、释放消息缓存、发送消息和接收消息等 API 函数。

（1）为任务分配消息缓存。

函数原型：uint8 *osal_msg_allocat（uint16 len）

功能描述：为消息分配缓存空间，函数中的形参 len 表示需要分配存储空间的大小。

（2）释放消息缓存。

函数原型：uint8 osal_msg_deallocate（uint8 *msg_ptr）

功能描述：为消息释放空间，函数中的形参 msg_ptr 表示消息的指针。

（3）发送消息。

函数原型：uint8 osal_msg_send（uint8 destination_task，uint8 *msg_ptr）

功能描述：把一个任务的消息发送到消息队列。

（4）接收消息。

函数原型：uint8 *osal_msg_receive（uint8 task_id）

功能描述：一个任务从消息队列中接收属于自己的消息。

2. 任务同步 API

任务同步 API 主要用于任务间的同步，允许一个任务等待某个事件的发生。

函数原型：uint8 osal_set_event（uint8 task_id，uint16 event_flag）

功能描述：在运行一个任务中设置某一事件。

3. 时间管理 API

时间管理 API 用于开启和关闭定时器，定时时间一般为毫秒级定时，使用该 API，用户不必关心底层定时器是如何初始化的，只需要调用即可，在 ZigBee 协议栈物理层已经将定时器初始化了。

（1）设置时间。

函数原型：uint8 osal_start_timerEx（uint8 taskID，uint16 event_id，uint16 timeout_value）

功能描述：设置一个定时时间，定时到后相应的事件被设置。注意：定时是一次有效，不会周期性定时。

（2）停止定时。

函数原型：uint8 osal_stop_timerEx（uint8 task_id，uint16 event_id）

功能描述：停止已经启动的定时器。

OSAL 添加新
任务和事件

8.2.8　OSAL 添加新任务和事件

在 ZigBee 协议栈应用程序开发时，经常会添加新的任务及其对应的事件，方法如下：

◆ 在任务的函数表中添加新任务。

◆ 编写新任务的初始化函数。

◆ 定义新任务全局变量和事件。

◆ 编写新任务的事件处理函数。

1. 在任务的函数表中添加新任务

在 OSAL_SampleApp.c 文件中，找到任务的函数表代码。

说明：在数组 tasksArr［ ］的最后添加，这是新任务的事件处理函数名。

2. 编写新任务的初始化函数

在 OSAL_SampleApp.c 文件中，找到任务初始化函数。

说明：将新任务的初始化函数添加在 osalInitTasks（void）函数的最后。值得注意的是任务的函数表 tasksArr［ ］中的元素（事件处理函数名）排列顺序与任务的初始化函数 osalInitTasks（void）中的任务初始化子函数排列顺序是一一对应的，不允许错位。变量 taskID 是任务编号，有非常严格的自上到下的递增，最后一个任务的 taskID 值不需要 ++，因为接下来没有任务。

3. 定义新任务全局变量和事件

为了保证 osalInitTasks（void）函数能分配到任务 ID，必须给每个任务定义一个全局变量。所以在 SampleApp.c 文件中，定义了 uint8 SampleApp_TaskID 变量，并在 void SampleApp_Init（taskID）函数中被赋值，即：SampleApp_TaskID = task_id。

在 SampleApp.h 文件中定义事件，格式如下：

#define SAMPLEAPP_SEND_PERIODIC_MSG_EVT 0x0001

4. 编写新任务的事件处理函数

在 SampleApp_ProcessEvent( ) 函数中编写事件处理代码，详见之前对该函数的分析。

8.3　课程思政

思政元素：我国如何应对当前的网络安全。通过思政元素强化学生爱国主义教育。

我国的网络安全生态系统尚处于发展初期，相关技术、法律、政策、组织机构、技能、合作等内容正在逐步建立和完善，且处于快速发展的阶段。网络安全涉及硬件、软件、数据、服务等方方面面的内容，网络安全的防治和治理都不可能只依赖政府或企业单方面的努力，推进政府、企业、行业协会等相关机构的协作非常重要。

政府、企业及相关行业的高度重视和关注网络安全问题，制定一系列政策、标准、条例、规则、要求、指南等对不同的网络安全问题进行防范、处置和应对，推动了一系列网络安全管理的法律法规、标准和政策的落地。

8.4　小结

本章详细深入地讲解了 Z-Stack 协议栈运行机制。从代码流程开始，分析了轮询的工作机理，讲解了事件表与事件处理函数的对应关系；讲解了事件和数据的传输方式，通过几个重要函数的讲解，让学习者能够利用 TI 的官方工程模板创建自己的应用系统。

第 9 章

基于 Z-Stack 协议栈的点对点通信

9.1 任务描述

基于 Z-Stack 的点
对点通信代码解析

以 Z-Stack 协议栈为基础，创建工程，完成点对点通信。采用两块 ZigBee 模块作为无线发射模块和无线接收模块，末端节点 A 每隔 5 s 发送数据"HELLO"给协调器节点 B；若协调器 B 接收数据正确，则其上 LED2 反转一次，实现点对点通信。

9.2 知识讲解

9.2.1 添加新任务

在 OSAL_SampleApp.c 文件中，找到任务的函数表代码。在数组 tasksArr [ ] 的最后添加，这是新任务的事件处理函数名。官方例程模板已经添加，无须修改，代码如下：

SampleApp_ProcessEvent

9.2.2 编写新任务的初始化函数

在 OSAL_SampleApp.c 文件中，找到任务初始化函数 osalInitTasks（void）。将新任务的初始化函数添加在 osalInitTasks（void）函数的最后。值得注意的是任务的函数表 tasksArr [ ] 中的元素（事件处理函数名）排列顺序与任务的初始化函数 osalInitTasks（void）中的任务初始化子函数排列顺序是一一对应的，不允许错位。变量 taskID 是任务编号，有非常严格的自上到下的递增，最后一个任务的 taskID 值不需要 ++，因为接下来没有任务。

官方例程模板已经添加，无须修改，代码如下：

SampleApp_Init（taskID）；

SampleApp_Init（taskID）函数的定义代码，参见模板代码，本任务无须修改。

9.2.3　定义新任务全局变量

为了保证 osalInitTasks（void）函数能分配到任务 ID，必须给每个任务定义一个全局变量。所以在 SampleApp.c 文件中，定义了 uint8 SampleApp_TaskID 变量，并在 void SampleApp_Init（taskID）函数中被赋值，即：SampleApp_TaskID = task_id。

在 SampleApp.h 文件中定义事件，格式如下：

#define SAMPLEAPP_SEND_PERIODIC_MSG_EVT 0x0001

9.2.4　编写发送端事件处理函数

基于 Z-Stack 的点对点通信发送端代码编写

通过函数 osal_start_timerEx( ) 将 SAMPLEAPP_SEND_PERIODIC_MSG_EVT 事件定时 5 s 后设置。

修改函数 SampleApp_SendPeriodicMessage( )，本任务采用单播发送方式将数据发送给协调器，代码如下：

```
void SampleApp_SendPeriodicMessage（void）
{

    unsigned char theMessageData[5] = "HELLO";

    afAddrType_t my_DstAddr;

    my_DstAddr.addrMode=（afAddrMode_t）Addr16Bit;

    my_DstAddr.endPoint=SAMPLEAPP_ENDPOINT;    // 初始化端口号

    my_DstAddr.addr.shortAddr=0x0000;

  if（AF_DataRequest（&my_DstAddr，&SampleApp_epDesc，

                    SAMPLEAPP_PERIODIC_CLUSTERID，

                    5，

                    theMessageData，

                    &SampleApp_TransID，
```

```
                    AF_DISCV_ROUTE,

                         AF_DEFAULT_RADIUS）== afStatus_SUCCESS）

         {

         HalLedBlink（HAL_LED_2，0，50，500）;

     }

       else

       {

         // Error occurred in request to send.

       }

     }
```

9.2.5　编写接收端事件处理函数

当协调器检查到一个新的无线数据事件时，调用 SampleApp_
MessageMSGCB（MSGpkt）函数，接收处理数据，该函数代码如下：

**基于 Z-Stack 的点对
点通信接收端代码编写**

```
    void SampleApp_MessageMSGCB（afIncomingMSGPacket_t *pkt）

    {

        uint16 flashTime;

        unsigned char buffer[5]=" ";

        switch（pkt → clusterId）

        {

          case SAMPLEAPP_PERIODIC_CLUSTERID:

            osal_memcpy（buffer，pkt → cmd.Data，5）;

            if（（buffer[0]=='H'）||（buffer[1]=='E'）||（buffer[2]=='L'）||（buffer[3]=='L'）||
（buffer[4]=='O'））

            {

            HalLedSet（HAL_LED_2，HAL_LED_MODE_TOGGLE）;

            }

            break;

          case SAMPLEAPP_FLASH_CLUSTERID:
```

```
flashTime = BUILD_UINT16（pkt→cmd.Data[1]，pkt→cmd.Data[2]）;
HalLedBlink（HAL_LED_4，4，50，（flashTime / 4））;
break;
    }
}
```

9.3   任务实施

9.3.1   工程创建

拷贝已安装好的协议栈文件夹 ZStack-CC2530-2.5.1a。

（1）用 IAR 打开 Projects\zstack\Samples\SampleApp\CC2530DB 文件夹下 SampleApp.eww 文件。

（2）在 ZStack-CC2530-2.5.1a\Projects\zstack\Samples\SampleApp\Source 文件夹内创建文件 Coordinator.c，并添加到工程 App 组下，如图 9-1 所示。

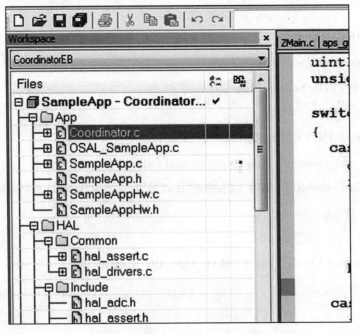

图 9-1   添加 Coordinator.c 文件

（3）拷贝文件 SampleApp.c 内所有代码，粘贴到 Coordinator.c 文件内。

（4）分别在 CoordinatorEB 模块下和 EndDeviceEB 模块下进行文件编译设置（具体操作参见第 6 章），如图 9-2 所示。

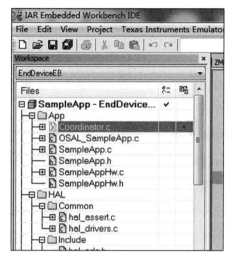 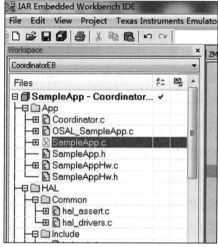

图 9-2　模块设置

9.3.2　编写程序

（1）在 SampleApp.c 文件内修改 SampleApp_SendPeriodicMessage( ) 函数，代码见上文，即编写数据发送函数。

（2）在 Coordinator.c 文件内修改 SampleApp_MessageMSGCB（MSGpkt）函数，代码见上文，即编写数据接收函数。

9.3.3　下载与操作

1. 下载

（1）末端节点模块程序烧写：在 Workspace 的下拉列表框中选择"EndDeviceEB"，编译程序，无误后下载到 A 模块中。

（2）协调器模块程序烧写：在 Workspace 的下拉列表框中选择"CoordinatorEB"，编译程序，无误后下载到 B 模块中。

2. 操作

先将协调器模块上电运行，然后将末端节点模块上电运行，观察协调器模块上 LED2 灯的亮灭情况，若末端节点每隔 5 s 发送的数据协调器都能正确接收到，那么

基于 Z-Stack 的点对点通信操作步骤

协调器上的 LED2 灯每隔 5 s 反转一次。

9.4 课程思政

思政元素：ZigBee 技术在我国的发展。通过思政元素强化学生爱国主义教育。

随着我国物联网正进入发展的快车道，ZigBee 也正逐步被国内越来越多的用户接受。ZigBee 技术也已在部分智能传感器场景中进行了应用。

当然，在中国市场，ZigBee 产品的应用爆发还需要一段时间，中国的无线网络市场还未成熟，本土厂商的参与度还非常有限，对中国市场来说，无线自动抄表系统、车用无线领域等工业级应用和高端市场将是市场主要发力点，而中国家用无线自动控制系统、便携设备市场还处于培育阶段，ZigBee 要在其中扮演重要角色尚待时日。

综上所述，作为新兴的短距离无线通信技术，ZigBee 产品将以各种各样的方式快步向我们走来，成为人类工作和生活中不可或缺的一部分。

9.5 小结

本章任务是在掌握第 8 章理论内容基础上的实践，通过基于 Z-Stack 协议栈的点对点无线数据收发，强化学生的任务初始化函数、事件处理函数的编写以及单播的设置，让学生更加深入地理解 Z-Stack 协议栈的运行机制。

基于 Z-Stack 协议栈的
传感网络构建

基于 Z-Stack 协议栈的
传感网络构建代码解析

第 10 章

基于 Z-Stack 协议栈的传感网络构建

10.1　任务描述

基于 Z-Stack 协议栈构建无线传感器数据采集系统，分别采集开关量数据和模拟量数据，采用 3 个 ZigBee 模块，节点 A 作为协调器使用，负责组建网络并将路由节点 B 和末端节点 C 采集的数据上传给 PC 机，路由节点 B 收集开关量传感器数据，末端节点 C 收集模拟量传感器数据，PC 机可通过串口助手软件查看接收到的传感器数据。本应用任务可拓展为 N 个节点。

10.2　知识讲解

10.2.1　自定义传感器上传数据格式

在本任务中自定义了简单的传感器上传数据格式，由于本任务未涉及上位机开发，所以在协调器解析数据，通过串口显示相关信息。

上传数据格式如表 10-1 所示。

表 10-1　上传数据格式

HEAD	LEN	STYPE	SDATA	
1 字节	1 字节	1 字节	1 字节	1 字节
数据头，固定为 0xFE	数据包长度：从 HEAD 到 SDATA	传感器类型：0x01 代表开关量；0x02 代表模拟量	传感器数据低 8 位	传感器数据高 8 位

10.2.2　开关量传感器数据采集模块

1. 开关量传感器数据采集

在单片机 CC2530 开发中，通过 I/O 口采集传感器的数据，如传感器没有采集到数据时，引脚状态为高电平，若传感器采集到数据时，引脚为低电平。

开关量传感器采集模块数据发送代码编写

根据此原理，我们在本任务中通过按键模拟开关量传感器进行数据采集，只不过传感器是自动采集数据，此任务是手动模拟，原理是一致的。

在具体的工作中需要根据自己的使用设备进行相应配置，可自行编写初始化函数，根据掌握的 CC2530 单片机知识可直接配置寄存器，完成按键引脚初始化，以及通过扫描引脚或通过外部中断方式查看引脚输入状态。例如我们可编写如下函数：

```
uint8 get_swsensor（void）
    {
        P0SEL &= ~（1 <<1）；    // 设置 P0.1 为普通 I/O 口
        P0DIR &= ~（1 <<1）；    // 设置 P0.1 为输入方向
        return P0_1；              // 返回 P0.1 电平
    }
```

2. 编写开关量传感器模块新任务的事件处理函数

通过函数 osal_start_timerEx( ) 将 SAMPLEAPP_SEND_PERIODIC_MSG_EVT 事件定时 5 s 后设置。

根据自定义指令格式，第一个字节为数据头，固定为 0xFE；第二个字节为发送数据长度 0x05；第三个字节为开关量传感器值 0x01；第四个字节为传感器数据，若按下按键则传输 0x00，否则传输 0xEE，第五个字节自定义为 0xEE。代码如下所示：

```
void SampleApp_SendPeriodicMessage（void）
    {
        uint8 Switch_Data[5]={0xFE, 0x05, 0x01, 0xEE, 0xEE}；
        if（get_swsensor( )==0）
        {
            Switch_Data[3]=0x00；  // 00 代表采集到数据
        }
```

```
if（AF_DataRequest（&SampleApp_Periodic_DstAddr，&SampleApp_epDesc，
                   SAMPLEAPP_PERIODIC_CLUSTERID，
                   5，
                   Switch_Data，
                   &SampleApp_TransID，
                   AF_DISCV_ROUTE，
                   AF_DEFAULT_RADIUS）== afStatus_SUCCESS）
{
  HalLedBlink（HAL_LED_2，0，50，500）;
}
else
{
  // Error occurred in request to send.
}
}
```

10.2.3　模拟量传感器采集模块

1. 模拟量传感器数据采集

模拟量传感器采集模块数据发送代码编写

在本任务中，我们通过 CC2530 芯片的 ADC 模块获取片内温度，将节点的片内温度传输给协调器。在实际的工作中可根据具体电路配置 ADC 的相关寄存器。本任务获取片内温度的代码如下：

```
#include "ioCC2530.h"

#include "hal_defs.h"

#include "hal_types.h"

#include "get_adc.h"

uint16 get_adc（void）

{

  uint32 value；

  ADCIF = 0；　// 清 ADC 中断标志

  // 采用内部参考电压，128 抽取率，获取片内温度，启动 A/D 转换
```

```
ADCCON3 = ( 0x00 | 0x10 | 0x0E );
while ( !ADCIF )
{
    ;    // 等待 A/D 转换结束
}
value = ADCL;                        // ADC 转换结果的低位部分存入 value 中
value |= ((( uint16 ) ADCH ) << 8);  // 取得最终转换结果存入 value 中
value = value * 330;
value = value >> 15;                 // 根据计算公式算出结果值
return ( uint16 ) value;
```

2. 编写模拟量传感器模块新任务的事件处理函数

通过函数 osal_start_timerEx( ) 将 SAMPLEAPP_SEND_PERIODIC_MSG_EVT 事件定时 5 s 后设置。

根据自定义指令格式，第一个字节为数据头，固定为 0xFE；第二个字节为发送数据长度 0x05；第三个字节为模拟量传感器值 0x02；第四个字节为传感器数据低 8 位；第五个字节为传感器数据高 8 位。代码如下：

```
void SampleApp_SendPeriodicMessage ( void )
{
    uint16 sensor_val;
    uint8 Analog_Data[5]={0xFE, 0x05, 0x02, 0x00, 0x00};
    sensor_val = get_adc( );
    Analog_Data[3]=sensor_val&0x00ff;
    Analog_Data[4]=sensor_val>>8&0x00ff;

    if ( AF_DataRequest ( &SampleApp_Periodic_DstAddr, &SampleApp_epDesc,
                          SAMPLEAPP_PERIODIC_CLUSTERID,
                          5,
                          Analog_Data,
```

```
                    &SampleApp_TransID,

                    AF_DISCV_ROUTE,

                    AF_DEFAULT_RADIUS ) == afStatus_SUCCESS )
    {
        HalLedBlink ( HAL_LED_2, 0, 50, 500 );
    }
    else
    {
        // Error occurred in request to send.
    }
}
```

10.2.4　协调器模块

协调器接收数据并串口
发送给 PC 机代码编写

1. 任务初始化函数

由于协调器需要通过串口将数据传输给 PC 机，所以需要进行串口初始化以及串口注册，其余代码配置按工程模板编写即可，代码如下：

```
MT_UartInit( );
MT_UartRegisterTaskID( task_id );          // 任务注册
HalUARTWrite ( 0, "WSN_SYSTEM\n", 11 );   // 系统提示信息
```

2. 编写协调器模块新任务的事件处理函数

当协调器检查到一个新的无线数据事件时，调用 SampleApp_MessageMSGCB（MSGpkt）函数，接收处理数据，本模块收到路由节点和末端节点传来的数据后，在协调器端对数据进行处理，以便 PC 机串口查看，代码如下：

```
void SampleApp_MessageMSGCB ( afIncomingMSGPacket_t *pkt )
{
    uint16 flashTime;
    uint8  uTxData[6];
    uint16  temp=0;
```

```
switch（pkt → clusterId）
{
    case SAMPLEAPP_PERIODIC_CLUSTERID：
        if（pkt → cmd.Data[2]==0x01）
            {
                HalUARTWrite（0, "Switch_sensor: ", 14）;  // 发送数据

                if（pkt → cmd.Data[3]==0x00）
                {
                    HalUARTWrite（0, "yes\n", 4）;  // 串口发送数据 "yes"
                }else
                {
                    HalUARTWrite（0, "no\n", 3）;
                }
            }else if（pkt → cmd.Data[2]==0x02）
            {
                temp=（pkt → cmd.Data[3]&0x00ff）|（pkt → cmd.Data[4]&0x00ff<<8）;
                uTxData[0]=temp/100+0x30;
                uTxData[1]='.';
                uTxData[2]=temp%100/10+0x30;
                uTxData[3]=temp%10+0x30;
                uTxData[4]='v';
                uTxData[5]='\n';
                HalUARTWrite（0, "Analog_sensor: ", 14）;
                HalUARTWrite（0, uTxData, 6）;
            }
        break;
    case SAMPLEAPP_FLASH_CLUSTERID：
        flashTime = BUILD_UINT16（pkt → cmd.Data[1], pkt → cmd.Data[2]）;
```

```
        HalLedBlink（HAL_LED_4，4，50，（flashTime / 4 ））;
        break;
    }
}
```

10.3　任务实施

10.3.1　工程创建

拷贝已安装好的协议栈文件夹 ZStack-CC2530-2.5.1a。

（1）用 IAR 打开 Projects\zstack\Samples\SampleApp\CC2530DB 文件夹下 SampleApp.eww 文件。

（2）在 ZStack-CC2530-2.5.1a\Projects\zstack\Samples\SampleApp\Source 文件夹内创建 Coordinator.c、Analog_sensor.c、Switch_sensor.c、get_adc.c、get_adc.h 等六个文件，并添加到工程 App 组下，如图 10-1 所示。

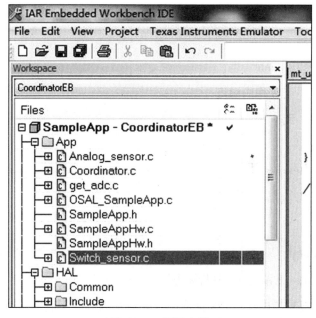

图 10-1　添加文件

（3）拷贝文件 SampleApp.c 内所有代码，分别粘贴到 Coordinator.c、Analog_sensor.c、Switch_sensor.c 文件内。

（4）编写 get_adc.h 文件代码，代码如下：

```
#ifndef  SIMPLE_adc_H
#define  SIMPLE_adc_H
extern  uint16 get_adc（void）;
extern  uint8 get_swsensor（void）;
#endif
```

（5）编写 get_adc.c 文件代码。对于 A/D 转换，根据工程实际使用设备的传感器连接电路设置，本任务获取的是片内温度；开关量传感器也根据使用设备的具体情况配置，本任务根据官方模板设置。其文件代码如下：

```
#include "ioCC2530.h"
#include "hal_defs.h"
#include "hal_types.h"
#include "get_adc.h"


/****************************************************************

* 名称       get_adc
* 功能      获取片内温度
* 入口参数    无
* 出口参数
*****************************************************************/

uint16 get_adc（void）
{
    uint32 value;
    ADCIF = 0;   // 清 ADC 中断标志
    //采用内部参考电压，128 抽取率，获取片内温度，启动 A/D 转换
```

```
        ADCCON3 =（0x00 | 0x10 | 0x0E）;
        while（!ADCIF）
        {
            ;   // 等待 A/D 转换结束
        }
        value = ADCL;                      // ADC 转换结果的低位部分存入 value 中
        value |=（（（uint16）ADCH）<< 8）; // 取得最终转换结果存入 value 中
        value = value * 330;
        value = value >> 15;               // 根据计算公式算出结果值
        return（uint16）value;
    }


    /********************************************************************
    * 名称          get_swsensor
    * 功能          获 P0_1 值
    * 入口参数      无
    * 出口参数
    ********************************************************************/
    uint8 get_swsensor（void）
    {   P0SEL &= ~（1 <<1）;    // 设置 P0.1 为普通 I/O 口
        P0DIR &= ~（1 <<1）;    // 设置 P0.1 为输入方向
        return P0_1;            // 返回 P0.1 电平
    }
```

（6）Coordinator.c 文件的修改。协调器需要用到串口，所以需通过 #include "MT_UART.h" 语句添加头文件。在 void SampleApp_Init（uint8 task_id）函数中输入 MT_UartInit()、MT_UartRegisterTaskID（task_id）和 HalUARTWrite（0, "WSN_SYSTEM\n", 11）。

进入 MT_UartInit()函数，进行相应的串口配置。找到串口的流控配置变量 uartConfig.flowControl，可以在 mt_uart.h 文件中看到 MT_UART_DEFAULT_OVERFLOW，默认采用流控，本任务不采用流控，所以将 TRUE 修改为 FALSE。同时查看串口波特率，本任务设置为"38400"。

事件处理函数的编写见上文。

（7）Analog_sensor.c 和 Switch_sensor.c 文件的修改。

因两个文件都用到了 get_adc.c 文件中的函数，所以要通过 #include "get_adc.h" 语句添加头文件，事件处理函数的编写见上文，任务初始化函数都不用修改。

（8）文件编译设置。在 Workspace 的下拉列表框中选择"CoordinatorEB"，通过设置使 Analog_sensor.c、Switch_sensor.c 文件不参与编译。

在 Workspace 的下拉列表框中选择"RouterEB"，通过设置使 Analog_sensor.c、Coordinator.c 文件不参与编译。

在 Workspace 的下拉列表框中选择"EndDeviceEB"，通过设置使 Switch_sensor.c、Coordinator.c 文件不参与编译。

10.3.2 下载与操作

1. 下载

（1）在 Workspace 的下拉列表框中选择"CoordinatorEB"，编译程序无误后，模块上电，下载程序到协调器模块中。

（2）在 Workspace 的下拉列表框中选择"RouterEB"，编译程序无误后，模块上电，下载程序到开关量的路由节点模块中。

（3）在 Workspace 的下拉列表框中选择"EndDeviceEB"，编译程序无误后，模块上电，下载程序到模拟量的末端节点模块中。

2. 操作

将协调器模块上电并通过串口与 PC 机连接，在 PC 机上打开串口助手软件，设置 PC 机上串口助手的串口号及波特率等参数，打开串口；

将路由节点和末端节点重新上电，待加入协调器发起的网络中。

观察接收数据窗口，我们可以按下开关量模块上的按键，结果如图 10-2 所示。

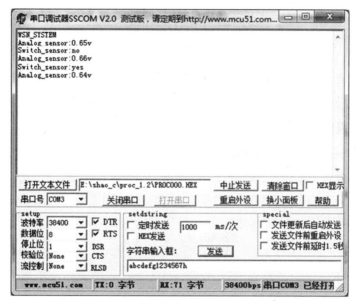

图 10-2　串口助手界面

10.4　课程思政

思政元素：我国物联网产业的发展。通过思政元素强化学生爱国主义教育。

2012—2016 年，中国物联网行业持续稳定增长，年均复合增长率达到了 25.8%，2017 年中国物联网市场规模达到 11 500 亿元，增长率为 24.0%。与“十二五”初期相比，中国在物联网关键技术研发、应用示范推广、产业协调发展和政策环境建设等方面取得了显著成效，成为全球物联网发展最为活跃的地区之一。

2020 年中国 LPWA(Low Power Wide Area)连接数已达到 6 亿部以上。预测 2022 年，中国物联网终端总数达到 44.8 亿部，其中蜂窝物联网 3.0 亿部、LPWA 11.3 亿部、局域物联网 30.5 亿部。

据前瞻产业研究院发布的《中国物联网行业应用领域市场需求与投资预测分析报告》数据显示，2013 年全球物联网市场规模达 398 亿美元，2016 年全球物联网市场规模增长至 700 亿美元，2017 年全球物联网市场规模达到了 798 亿美元，同比增长 14%。2018 年全球物联网市场规模已突破 1 000 亿美元，同比增长超过 28%。预计到 2023 年全球物联网市场规模有望达到 2.8 万亿美元左右。

10.5　小结

　　本章任务是 Z-Stack 协议栈的高阶实践，通过 Z-Stack 协议栈完成无线传感器网的构建，本章任务用到协调器、路由器和末端节点，是 ZigBee 技术的完整化应用，通过本章任务强化学生的代码编写能力和 ZigBee 技术的应用能力，学生应能够举一反三，拓展 Z-Stack 协议栈的应用。

参考文献

[1] 虞志飞，邬家炜. ZigBee 技术及其安全性研究 [J]. 计算机技术与发展，2008，18（8）：144-147.

[2] 赛强，龚正虎，朱培栋，等. 无线传感器网络 MAC 协议研究进展 [J]. 软件学报，2008，19（2）：389-403.

[3] 徐健，杨珊珊. 基于 CC2530 的 ZigBee 协调器节点设计 [J]. 物联网技术，2012，05：55-57.

[4] 张永梅，杨冲，马礼，等. 一种低功耗的无线传感器网络节点设计方法 [J]. 计算机工程，2012（03）：71-73.

[5] 钱志鸿，王义君. 面向物联网的无线传感器网络综述 [J]. 电子与信息学报，2013，35（01）：215-227.

[6] 姜仲，刘丹. ZigBee 技术与实训教程 [M]. 北京：清华大学出版社，2014.

[7] 张文静. 基于 CC2530 的 ZigBee 网络节点的低功耗设计 [J]. 机电信息，2014，71（09）：123-124.

[8] 杜岩. 基于 ZigBee 协议的无线传感器网络技术分析 [J]. 信息通信，2015（04）：82-83.

[9] 杨琳芳，杨黎. 无线传感网络技术与应用项目化教程 [M]. 北京：机械工业出版社，2017.